OPUSCULES

ENTOMOLOGIQUES

PAR

E. MULSANT

Bibliothécaire-adjoint de la ville de Lyon,
Professeur au Lycée,
Correspondant du ministère de l'Instruction publique,
Président de la Société Linnéenne, etc.

QUATORZIÈME CAHIER

PARIS
DEYROLLE FILS
Rue de la Monnaie, 19

Juillet 1870

4° S
13

Lyon Lith. Ch. Lépagnez.

[library stamp]

JOSEPH PEAUD,

ANCIEN MAGISTRAT,

Né à Lyon le 29 avril 1803,

Mort à Collonges, près Lyon, le 20 septembre 1861.

NOTICE

SUR

JOSEPH PÉAUD,

PAR

E. MULSANT.

(Lue à la Société Linnéenne de Lyon.)

Lyon. — Impr. de F. DUMOULIN, rue St-Pierre 20.

NOTICE

SUR

JOSEPH PÉAUD,

PAR

E. MULSANT.

(Lue à la Société Linnéenne de Lyon.)

L'an dernier, pendant cette époque de l'année où les vacances font déserter la ville par un grand nombre de personnes, la mort emportait, presque inopinément, un de nos membres les plus généralement aimés, dont je veux aujourd'hui vous esquisser la vie.

Péaud (Joseph) naquit à Lyon le 29 avril 1803 (9 floréal an XI). Il était le premier enfant issu du mariage de Claude Péaud, propriétaire à Trévoux (Ain), et de Louise Juan, originaire de Normandie : le premier, avant son hyménée, avait été obligé de porter le mousquet, et avait honorablement servi la France dans les armées de la République.

Joseph avait pu admirer dans son père toutes les vertus dont notre cœur peut être enrichi, surtout cette bonté indulgente, toujours disposée à voir les hommes et les choses sous leur côté le plus favorable, et il avait tâché de se façonner sur ce modèle. Aussi, dès cet âge, regardé par Lafontaine comme étant sans pitié, montra-t-il cette nature douce et bienveillante qui ne s'est jamais démentie. Le trait suivant suffira pour en servir de preuve : un de ses frères, enfant comme lui, eut un jour le malheur de se laisser tomber dans une pièce d'eau; Joseph, après être parvenu à l'en retirer, pensa aussitôt combien le petit imprudent allait être grondé; il fit alors avec lui un échange d'habits, et, revêtu de ceux qui étaient mouillés, il vint recevoir de ses parents les reproches mérités par celui qu'il avait tiré d'embarras, et peut-être sauvé de la mort. Une partie des premières années de Joseph se passèrent à Lyon. En 1810, il habita St-Cyr-au-Mont-d'Or, où son père venait de faire l'acquisition d'une belle propriété. Mais bientôt les soins à donner à son instruction forcèrent de l'éloigner du toit paternel; il fut placé sous la direction de M. Debornes, que nous avons vu, si bienveillant et si aimé, pendant longtemps chef d'institution à Cuire, et, quelque temps avant sa mort, proviseur du Lycée de Chambéry.

Durant ses études, le jeune élève se fit remarquer de ses condisciples par sa gaîté, et par un esprit naturel uni à une certaine naïveté. Il y conquit facilement l'affection du maître; et dès-lors commencèrent à se former entre eux des liens d'amitié, dont les charmes se sont prolongés pendant le reste de leur vie. Dans ces premières années scholastiques, l'entomologie eut le privilége de le passionner quelque temps; il forma un certain nombre de cadres d'insectes, soit recueillis par lui-même, soit échangés avec ses condisciples; mais ce goût ne devait avoir qu'une durée éphémère.

A la fin de ses humanités, il quitta M. Debornes pour faire, au Lycée de Lyon, sa rhétorique et sa philosophie. Là, sous une discipline plus sévère, il ne pouvait donner un aussi libre cours à sa gaîté; mais, comme l'a dit un poète :

Chassez le naturel, il revient au galop.

Son esprit facétieux faillit toutefois lui coûter cher : un jour, pour une faute, considérée, à cet âge, comme une peccadille, il reçut une semonce sur un ton si emphatique, qu'il ne put retenir un éclat de rire. Le maître, blessé, demanda l'expulsion de l'élève ; mais le proviseur plus indulgent, et plus juste appréciateur des choses, le jugea plus étourdi que coupable, et se borna à lui infliger une punition.

Au sortir de ses études, son père le poussa à suivre la carrière commerciale. Joseph, toujours docile aux conseils paternels, s'initia donc à la fabrique des étoffes de soie, et fut placé ensuite dans une maison de notre ville. Le souvenir des belles-lettres qu'il avait cultivées avec succès pendant son séjour au collége, lui fit sentir le regret de les avoir quittées. Il se dégoûta bientôt de sa nouvelle profession, subit, avec honneur, le 22 août 1824, les épreuves du baccalauréat ès-lettres, et se décida à étudier le droit.

Il se rendit à Paris dans ce but ; s'occupa avec ardeur de jurisprudence, et mit à profit son séjour dans la capitale, pour utiliser ses heures restées libres, à suivre des cours de littérature, de sciences, et principalement de médecine. Il obtint même la permission d'accompagner les élèves de l'école dans leurs visites aux hôpitaux. L'art de guérir répondait à la tendance naturelle de son esprit, porté à être utile aux autres et à leur faire du bien. Peut-être cet art l'eût-il séduit, et s'y fût-il adonné tout entier, si, à la vue des erreurs dans lesquelles la science humaine est parfois exposée à tomber, il n'avait craint, comme il le disait lui-même, d'avoir à se reprocher la mort de quelques-uns des malades confiés à ses soins.

Le père de Joseph souffrait de sentir son fils, qu'il aimait beaucoup, si éloigné de la famille. Peut-être aussi craignait-il pour lui les écueils si fréquents pour les jeunes gens, dans une grande ville comme Paris. Il prit donc la résolution de lui faire achever à Grenoble ses études de droit.

C'est là, surtout, que le jeune Péaud mit en évidence tout ce qu'il y avait de gaîté dans son caractère, et de ressources dans son esprit facétieux. Il vit bientôt se grouper autour de lui un certain nombre de ses camarades, et, avec eux, il composa une troupe, qui devint un élément de divertissement pour la ville. Les jours de fête, des tréteaux étaient disposés sur la place publique, et Péaud, avec ses comédiens improvisés, y jouait des scènes, le plus souvent composées par lui, et d'une originalité si comique, qu'elles ne manquaient pas d'exciter à tous moments un rire fou parmi les spectateurs.

A l'une des foires de la ville, il eut l'idée de donner au public les représentations d'un salon de cire. Ses personnages, revêtus de costumes historiques convenables, étaient tout simplement ceux de ses amis doués d'une assez forte dose de patience pour conserver une immobilité complète, pendant les moments où les spectateurs étaient admis. Chacun de ceux-ci s'étonnait de voir sur ces visages un teint si naturel; mais personne n'osait soupçonner la nature vivante. Un incident inattendu finit par faire ouvrir les yeux : dans une de ces séances, le chef de l'exposition, en passant le plumeau sur le visage de l'une de ces statues de chair et d'os, comme pour en ôter la poussière, chatouilla la membrane pituitaire du personnage, et provoqua un éternuement. Tous les assistants partirent d'un éclat de rire ; Péaud, avec son flegme imperturbable, eut beau s'écrier : Mécanisme intérieur, Messieurs! le secret était vendu. Le bruit s'en répandit, et pendant quelques jours ce salon eut un succès à faire pâlir de jalousie tous les propriétaires des barraques voisines.

Le nom de Péaud vola bientôt de bouche en bouche : les personnes de tout rang, celles surtout qui aiment à se délasser de travaux sérieux, accouraient à ses représentations.

A ce caractère en apparence léger, le jeune étudiant joignait une bonté d'âme et une sensibilité exquise. Il ne pouvait voir un malheureux sans le soulager. Combien de fois ne s'est-il pas dépouillé d'une partie de sa garderobe, pour vêtir des pauvres qui n'avaient pas assez de haillons pour se couvrir ! Un jour, il rencontra un ouvrier plongé par l'ivresse dans un état si déplorable, qu'ému de pitié, il l'emmena dans sa chambre, et employa tous ses soins pour le faire rentrer dans son état normal. Cet homme, revenu à lui, voulut, pour lui témoigner sa profonde gratitude, lui faire connaître un secret auquel il attachait beaucoup de prix : le moyen de fabriquer de l'excellente eau de Cologne.

Péaud, malgré ses divertissements, travaillait à son droit, dans sa chambre ; mais il était peu assidu aux leçons. Quand le moment fut arrivé de subir ses examens, il fallait, préalablement, avoir un certificat de présence aux cours de la Faculté. Il se présente dans ce but chez l'un des professeurs: Comment, lui dit celui-ci, vous, M. Peaud (qu'il prononçait Po), vous venez me demander une preuve de votre assiduité? mais je ne vous vois noté qu'une seule fois parmi mes auditeurs ! — Pardon, monsieur, lui répond avec assurance l'étudiant, je vous entendais bien appeler M. Po; mais je ne pouvais répondre pour ce jeune homme que je ne connais pas; je me nomme Péaud.—Ah ! reprit le professeur, c'est différent : je ne voudrais pas vous rendre victime d'une erreur : je vais vous donner votre certificat.

Tiré de ce pas difficile, Péaud avait encore à subir les épreuves de l'examen. Un de ses amis s'était offert de se placer à peu de distance de lui, pour lui venir en aide par sa pantomime, dans le cas où sa mémoire lui ferait défaut. Cette précaution fut inutile pour les quatre premiers examinateurs. Péaud demanda et obtint la faculté de s'exprimer en latin, et il le fit avec tant de facilité et de bonheur, qu'il satisfit complètement ces premiers juges. Le dernier, désira voir l'étudiant répondre en français, et il lui posa la question suivante : Un homme mort civilement peut-il tester ? Trop prompt à répliquer avant d'y avoir bien réfléchi, Péaud s'empressa de dire : Oui, monsieur ; mais pendant qu'il parlait, son œil vit son camarade secouer vivement sa tête en signe de négation, et sans donner le temps au professeur de le reprendre, il ajouta avec assurance : Oui, monsieur, il peut tester; mais son testament est nul.

Quatre boules blanches et une rouge témoignèrent de la manière très-satisfaisante avec laquelle il venait de conquérir, le 17 août 1826, son diplôme de bachelier en droit. Le 22 août de l'année suivante, il obtint celui de licencié. Sa vie de jeune homme était dès-lors terminée : il revint à Lyon pour y exercer la profession d'avocat, et il prêta serment en cette qualité, le 8 janvier 1828.

Quelque temps après, une surprise flatteuse lui était réservée : ses camarades de l'école de Grenoble, au sein desquels son départ avait laissé de nombreux regrets, désireux de le remercier des jours heureux qu'il leur avait fait passer, lui préparèrent une fête solennelle. M. de Courvoisier, fils de l'honorable procureur-général de Lyon, était à la tête du projet. Péaud fut donc convié à se rendre dans l'ancienne capitale du Dauphiné, et pendant trois jours il y reçut les démonstrations les plus chaudes de l'amitié. Jamais peut-être élève en droit n'eut à se louer d'une ovation plus sympathique. Ces moments, si vite passés, laissèrent dans sa mémoire de doux et ineffaçables souvenirs, et jusque dans les dernières années de sa vie, il ne pouvait se rappeler sans émotion ces jours d'un véritable triomphe.

Le 26 novembre de la même année, un bonheur plus solide et plus durable l'attendait : il s'unit, ce jour-là, à une femme digne de toute son estime et de son affection ; il épousait Mademoiselle Caroline Charles.

Ni sa position matrimoniale, ni sa profession d'avocat ne purent, toutefois, changer les tendances naturelles de son esprit enjoué. Il chercha dans la physique amusante des distractions aux préoccupations sérieuses de son état. Il s'occupa de prestidigitation et surtout de tours de cartes, et bientôt il excella dans ce dernier genre. Il prit des leçons des Conus, des Cautru, des Bosco et de divers autres, et il aurait pu marcher leur rival; mais ses amis seuls étaient admis à être les témoins de son habileté. Il est inutile de dire avec quel empressement il était recherché dans les réunions, et combien il en faisait l'agrément.

Mais, dans la vie, nos jours sont mêlés de plaisirs et d'amertume. En 1832, la mort lui enleva son père, pour lequel il avait une sorte de culte. Cette perte cruelle ne tarda pas à exercer une certaine influence sur sa destinée; il renonça à la carrière d'avocat, dans laquelle il faut souvent tant de temps pour arriver à se faire un nom, et en 1834, il vint habiter la maison paternelle de St-Cyr-au-Mont-d'Or.

Devenu homme des champs, il s'adonna à l'agriculture; il étudia les méthodes pratiquées ailleurs pour faire rendre à la terre des produits plus abondants, et il s'efforça de les introduire dans son pays. Il chercha à découvrir des procédés nouveaux; il tenta d'acclimater diverses plantes utiles; il voulut connaître les propriétés de certains végétaux, qui semblaient devoir offrir des ressources à l'industrie; et, dans ce but, il faisait des analyses chimiques dans un laboratoire de Lyon, où il venait travailler. Parmi ses découvertes, on peut signaler le jaune inaltérable et d'une belle nuance, extrait du *Maclura aurantiaca*. La culture des arbres et des fleurs occupait une partie de son temps : il tenait à avoir les plus beaux et les meilleurs fruits, et il y donnait ses soins. Quant aux fleurs, il en avait une collection variée, et il l'augmentait, non-seulement par des acquisitions faites à l'étranger ou chez les principaux horticulteurs, mais encore en introduisant dans ses parterres des plantes naturellement belles, arrachées pendant ses voyages aux lieux qu'il parcourait.

Il s'occupait de l'art de découvrir les sources, et il y avait acquis une certaine habileté. Il s'était mis en rapport avec l'abbé Paramelle, célèbre par ses connaissances en ce genre ; et il a laissé par écrit plusieurs pages, fruits de ses observations.

Mais ce qui a surtout donné à son nom une certaine célébrité, c'est son habileté à prédire les gelées. Il n'a pas cherché à expliquer les causes de ces refroidissements atmosphériques, il s'est borné à observer qu'ils ont lieu, quand certains phénomènes se produisent. Ainsi, il avait remarqué que le renouvellement et le plein de la lune amenaient un abaissement dans la température, et en se basant sur ces données, il avait pu, à l'avance, annoncer des gelées printanières, qui n'ont que trop souvent justifié les prévisions de l'observateur. Combien de visites, de lettres de pays divers, ne lui ont pas valu la réputation de prophète du Mont-d'Or ! Que de discussions n'a-t-il pas eu à soutenir ! que de paris ne se sont pas engagés, d'après ses indications ! On venait, ou on lui écrivait de toutes parts, pour se renseigner. Les chevrières du Mont-d'Or, auprès desquelles il passait pour sorcier, le priaient d'avoir pitié d'elles, en empêchant la gelée, pour ne pas priver leurs chèvres des feuilles de vignes, si nécessaires pendant l'hiver à la nourriture de ces animaux. Les voisins épiaient les moments où il levait ses récoltes, afin de pouvoir, comme lui, les fermer par un temps favorable. Il a laissé quelques notes relatives à ses observations sur la lune rousse.

Le 6 août 1836, il fut nommé juge-de-paix du canton de Limonest. En entrant en fonctions : « Mes efforts, disait-il, tendront à maintenir et à fortifier la bonne harmonie qui règne dans le pays : concilier est le plus noble attribut de mes fonctions nouvelles ; c'est celui dont je suis le plus fier; aussi, l'olive de la paix sera-t-elle toujours préférée, dans mes mains, à l'arme de la justice. » Et il a fidèlement tenu ses promesses. En 1852, il se décida à renoncer à cette carrière qu'il avait remplie avec honneur et dévouement; il avait droit à une pension de retraite ; il l'abandonna en sollicitant, en échange, le titre de juge-de-paix honoraire, qui lui fut accordé. Il n'abandonna pas toutefois sans regrets des fonctions qu'il aurait pu continuer plusieurs années encore; mais il voulait, disait-il, mettre un terme à ses occupations judiciaires, avant l'âge où il est difficile de les exercer convenablement.

La perte de sa mère, arrivée en 1857, vint déchirer son cœur et raviver les douleurs occasionnées par le décès de son père bien aimé.

Ses affaires l'appelaient souvent à Lyon ; le désir ou le besoin d'y voir ses enfants, placés dans des maisons d'éducation, et pour lesquels il avait une grande tendresse, lui faisaient souvent aussi prendre le chemin de la ville. Il résolut de s'y fixer : il vendit sa propriété en 1859, et vint habiter notre cité. Mais il avait en dernier lieu choisi, à Collonges, une retraite pour y passer la belle saison. Au sein des douceurs qu'il y goûtait, il fut tout-à-coup atteint d'une douleur à la gorge, au mois de septembre 1861. Le mal paraissait d'abord sans gravité, quand, en peu de temps, il fit des progrès effrayants, et, contre toute prévision, l'enleva le 20 du même mois à sa famille et à ses nombreux amis.

Joseph Péaud était d'une taille au-dessus de la moyenne ; son corps, assez bien pris, perdait de la régularité de ses formes par un développement anormal de la glande thyroïde; il avait la physionomie ouverte; la figure douce et gracieuse

A son caractère joyeux et quelque peu insouciant, au moins en apparence, il était aisé de juger combien il aimait à écarter, autant que possible, les épines souvent trop nombreuses dans le chemin de la vie. Il suffisait de le voir pour deviner sa bienveillance ; il était de ces natures bonnes et inoffensives, incapables de se faire des ennemis.

Il appartenait à bon nombre de sociétés savantes (1) ; la nôtre se souviendra longtemps du charme qu'il savait répandre dans ces dîners annuels, dans ces sortes de repas de famille, où sa manière facétieuse de raconter savait si facilement exciter le rire chez tous ses auditeurs. Il laissera parmi nous des souvenirs vivaces : dans sa famille, un vide qui ne peut être rempli ; dans le monde, la mémoire d'un homme de bien ; dans le cœur de ceux qui l'ont aimé, des regrets vivement sentis.

---

(1) Il avait été admis dans celle de Jurisprudence en 1830 ; dans celle d'Agriculture, Histoire naturelle et Arts utiles de Lyon, en 1835 ; dans la Société Linnéenne, le 14 juillet 1856 ; dans celle d'Horticulture pratique du Rhône vers le même temps ; dans la Société zoologique d'acclimatation, le 21 mai 1858 ; dans la Société protectrice des animaux, l'année suivante. Il avait été nommé, en 1851, l'un des membres chargés de surveiller la pépinière départementale d'Ecully ; en 1852, membre de la commission cantonale de Limonest, pour surveiller les intérêts agricoles ; en 1853, membre de la Société de statistique permanente du même canton.

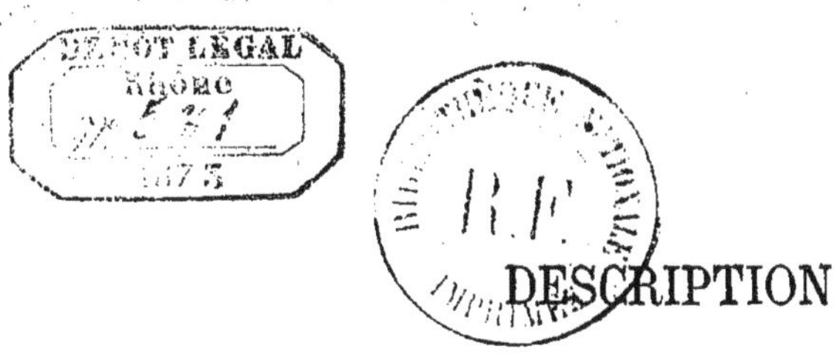

DESCRIPTION

DE

QUELQUES COLÉOPTÈRES NOUVEAUX OU PEU CONNUS

Présentée à la Société Linnéenne de Lyon, le 11 mai 1865.

Par E. MULSANT & GODART

Telephorus Teinturieri.

Noir. Elytres testacées, pubescentes. Tête, moins deux taches sur le vertex, base des antennes, prothorax, côtés et extrémité de l'abdomen, genoux, jambes et tarses, testacés ou d'un roux jaune. Deuxième article des antennes plus court (♂) ou presque aussi court (♀) que la moitié du troisième. Ongles des quatre pieds antérieurs, armés d'une dent à la base de leur branche externe.

♂ Antennes prolongées jusqu'aux deux tiers de la longueur du corps; à deuxième article égal aux deux cinquièmes du suivant. Abdomen de huit arceaux; le 8e en cône plus long que large.

♀ Antennes prolongées jusqu'aux trois cinquièmes de la longueur du corps : à 2e article plus grand que la moitié du 3e. Abdomen de sept arceaux; le 7e bilobé dans le milieu de son bord postérieur, une fois plus large à la base qu'il est long au milieu.

Long. 0m,0010 à 0m,0011. — Larg. 0m,0003 à 0m,0003 1/4.

Corps allongé; pubescent. *Tête* un peu rétrécie postérieurement, pointillée et garnie d'un duvet très-fin; d'un jaune testacé; parée de deux taches noires sur le vertex. *Palpes* testacés. *Antennes* noires, avec les trois premiers articles fauves. *Yeux* noirs, saillants. *Prothorax* presque carré, un peu rétréci à la base, arqué en devant; arrondi aux angles antérieurs, émoussé aux postérieurs; convexe; relevé latéralement et présentant une gouttière depuis le bord antérieur jusqu'aux trois quarts de la longueur des côtés; rayé d'un sillon sur la ligne médiane; pointillé; presque glabre; d'un roux jaune brillant. *Écusson* noir, pointillé, pubescent. *Élytres* plus larges que le prothorax, quatre fois aussi longues que lui; d'un flave jaunâtre, garnies d'un duvet concolore, fin, couché, assez épais. *Dessous du corps* pubescent, noir. *Abdomen* noir, bordé de roux testacé, avec les deux derniers arceaux, le bord postérieur des 4e, 5e et 6e, de même couleur. *Pieds* pubescents; toutes les cuisses noires avec les genoux, jambes et tarses testacés.

Cette espèce a été prise dans les environs de Biskra (Algérie) par M. le docteur Teinturier, à qui nous l'avons dédiée.

Var. A. *Prothorax orné sur le disque d'une tache noire.*

Obs. Elle doit prendre rang après le *T. assimilis*, Paykull, avec lequel elle a beaucoup d'analogie. Elle s'en distingue par les deux taches noires du vertex, la coloration du dessous du corps, et des pieds et par une taille plus avantageuse.

Coptognathus Lefranci.

Oblong, convexe, brillant, d'un rouge brun. Tête petite, triangulaire tronquée en devant; mandibules très-développées. Prothorax convexe, très-arrondi sur les côtés, cilié. Cuisses et jambes postérieures fortement dilatées. Dessous du corps hérissé de longs poils jaunâtres.

Long. 0m,0018 (8 l.). — Larg. 0m,0009 (4 l.).

Corps oblong, brillant; d'un rouge brun. *Tête* triangulaire; obliquement tronquée en devant; ciliée; chargée entre les antennes d'un relief subtriangulaire se dirigeant en arrière; faiblement ponctuée en avant et ruguleusement sur le vertex et les côtés. *Antennes* de huit articles: le premier très-grand; épais; obconique; les trois derniers formant une massue lamellée. *Mandibules* cornées; très-saillantes, arrondies. *Prothorax* légèrement bordé dans sa périphérie; coupé en demi-cercle en devant; les angles antérieurs assez prononcés; obtus; arrondi sur les côtés qui sont garnis de cils longs, épais et fauves; les angles postérieurs effacés et arrondis, bissinueusement en arc renversé à la base; convexe en dessus; marqué de chaque côté d'une tache ponctiforme, noire; couvert sur le disque de points assez gros, espacés. *Écusson* grand, en triangle presque équilatéral; ponctué à la base. *Élytres* de la largeur du prothorax à leur base; légèrement élargies jusqu'aux deux tiers de leur longuer; curvilinéairement de ce point à l'angle sutural, qui est aigu; subdéprimées sur le dos et plus fortement vers la suture; les épaules assez prononcées; couvertes de points assez gros, confusément épars sur la surface, mais disposés en lignes contre la suture; hérissées de poils assez apparents vers l'extrémité. *Dessous du corps* et *pattes* d'un rouge clair; hérissés de longs poils jaunâtres. *Cuisses* postérieures ovales; beaucoup plus dilatées que les intermédiaires et surtout que les antérieures. *Jambes de devant* extérieurement armées de trois fortes dents; les intermédiaires graduellement élargies et obliquement tronquées à leur extrémité; les postérieures considérablement dilatées; premier article des tarses intermédiaires et surtout celui des postérieurs subtriangulairement élargis vers l'extrémité, aussi longs que les deux suivants réunis.

Cette remarquable espèce a été trouvée par M. le docteur Teinturier dans les environs de Biskra (Algérie). Nous l'avons dédiée à M. Lefranc, pharmacien en chef de l'hôpital militaire de Sidi-bel-Abbès, dont les incessantes recherches ont enrichi la faune et la flore de l'Algérie de nombreux et intéressants sujets.

Erodius pellucidus.

D'un brun rougeâtre, brillant; très-gibbeux, presque globuleux. Tête triangulaire, fortement granuleuse. Prothorax court, convexe, ruguleusement ponctué. Elytres transparentes, granuleuses, sans traces de côtes. Tibias antérieurs étroits, munis de deux dents aiguës, les quatre derniers arqués.

Long. 0m,0011 (5 l.). — Larg. 0m,0007 (3 l. 1/2).

Corps ovalaire, gibbeux, presque globuleux, d'un rouge brun, luisant. *Tête* granuleuse, les tubercules très-serrés antérieurement, oblitérés dans la partie postérieure, quelques gros points sur le vertex ; côtés de la tête marqués d'un petit sinus anguleux qui la font paraître triangulaire. *Antennes* atteignant les deux tiers du prothorax, à premier article gros, subovalaire : le 2e plus grand, obconique : le 3e une fois et demie de la longueur du 4e, qui est court et rond ainsi que les cinq suivants : le 10e grand, oblong et embrassant le 11e qui est peu visible. *Prothorax* très-court, convexe, couvert de gros points, très-serrés, surtout sur le disque, une plaque lisse et brillante au-dessus de chaque angle postérieur; très-fortement échancré à sa partie antérieure qui est rebordée et dont les angles sont très-saillants et relevés; à côtés presque droits et munis d'un rebord bien marqué : à base coupée carrément et rebordée près des angles postérieurs seulement, qui sont obtus. *Elytres* transparentes, très-bombées, couvertes de petits tubercules, éloignés les uns des autres à la base et sur le dos et se rapprochant vers l'extrémité où ils sont fort serrés. *Dessous du corps* d'un rouge brillant; couvert sur le prosternum de petits sillons irréguliers et de gros points, avec les flancs du prothorax fortement sillonnés en long; le périmètre du mésosternum est densement ponctué, le métasternum et les trois premiers segments de l'abdomen sont lisses, le dernier est régulièrement ponctué. *Tibias* antérieurs un peu arqués, armés de deux dents fortes et aiguës : les quatre postérieurs légèrement arqués : tous les tarses munis en dessous de longs poils fauve clair.

Pris dans les environs de Biskra (Algérie) par M. le docteur Teinturier, qui a trouvé dans la même localité les *Erodius Olivieri*, Solier; *bilineatus Olivier et glabratus*, Klug; les deux premiers signalés du Sénégal et le troisième de l'Arabie.

Pimelia dayensis.

Ovalaire, noire. Tête et Prothorax marqués de petits tubercules. Elytres chargées de sept lignes de tubercules arrondis et brillants, la ligne marginale tranchante et fortement dentelée; intervallement finement granuleux.

Long. $0^m,110$ à $0^m,112$ (4 l. à 4 l. 1/2). — Larg. $0^m,050$ à $0^m,060$ (2 l. 3/4 à 3 l.).

Corps ovalaire; d'un noir peu brillant. *Tête* marquée de gros points sur le devant, couverte de petits tubercules aplatis sur le vertex et les côtés. *Antennes* n'atteignant pas l'extrémité du prothorax; de onze articles: le 1er peu allongé, obconique: le 2e petit, globuleux: le 3e aussi grand que les deux suivants réunis: les 4e à 8e moniliformes; les 9e et 10e plus gros que les précédents, principalement le 10e: le 11e très-petit et emboité dans l'avant-dernier: tous ces articles garnis de poils assez raides. *Prothorax* peu luisant; tronqué en ligne courbe en devant; muni dans sa périphérie d'un bord très-étroit, sensiblement plus large dans sa partie antérieure où il a l'apparence d'un repli; arqué sur les côtés, médiocrement convexe; près de deux fois aussi large que long; couvert de tubercules granuleux, plus serrés sur les côtés, où ils sont mélangés de petits poils noirs et raides; offrant deux petites lignes transversales, ponctiformes, sur le disque, et une ligne longitudinale, à peine saillante, dans le milieu. *Elytres* plus larges en devant que le prothorax aux angles postérieurs; ovalaires; ayant leur plus grande largeur vers le milieu de leur longueur; subarrondies à leur extrémité; légèrement convexes; chargées chacune de sept lignes de tubercules ronds, plats et brillants; ceux des 3e et 4e lignes plus gros et plus élevés que les autres; une 8e ligne (*la marginale*), tranchante et fortement dentelée; intervalles garnis de très-petits tubercules bien distincts. *Dessous du corps et pieds* granuleux. *Jambes antérieures* assez fortement élargies depuis la base jusqu'à l'extrémité.

Cette espèce a été rencontrée par M. Lefranc, près Daya (Algérie).

Scaurus elongatus.

Oblong. Tête rugulueusement ponctuée. Antennes à article terminal allongé. Prothorax convexe, fortement ponctué. Elytres chargées chacune de trois lignes élevées, dont la première est oblitérée vers la base; intervalles intercostaux distinctement ponctués-striés.

Long. 0m,0013 (6 l.). — Larg. 0m,0005 (2 l. 1/2).

♂ Cuisses antérieures armées de deux dents; celle de devant longue, courbée en dessous et assez aiguë, la postérieure rudimentaire. Jambes de devant sensiblement arquées; sans échancrure sur leur tiers basilaire. Prothorax convexe, pas plus large que les élytres dans leur plus grande largeur.

♀ Cuisses antérieures armées d'une dent courte, droite, assez aiguë. Jambes de devant légèrement arquées. Prothorax moins convexe, plus étroit que les élytres dans leur plus grande largeur.

Corps entièrement d'un noir mat. *Tête* tronquée carrément à la partie antérieure de l'épistome; chargée d'un relief subanguleux dirigé en arrière; ruguleusement ponctuée sur toute sa surface. *Antennes* prolongées jusqu'à la base (♂) ou un peu moins (♀) du prothorax; assez épaisses, à dernier article allongé, subcylindrique à la base et s'amincissant ensuite en pointe conique vers son extrémité; aussi long que les deux précédents réunis. *Prothorax* un peu plus étroit aux angles postérieurs qu'aux antérieurs; obtusément arrondi sur les côtés; muni d'un rebord dans sa périphérie; creusé au devant de la base d'un sillon subtriangulairement élargi dans son milieu; ponctué sur toute sa surface d'une manière uniforme. *Ecusson* en triangle au moins une fois plus large que long, lisse. *Elytres* subarrondies aux épaules; subparallèles du 6e aux deux tiers de leur longueur; creusées après l'écusson d'une fossette suturale oblongue; à suture relevée en arête sur son dernier tiers; chargées chacune de trois côtes longitudinales en carènes tranchantes; la juxta-suturale oblitérée de la base à la moitié environ de sa longueur, mais très-saillante à sa partie postérieure; la 2e très-saillante dans toute sa longueur; la 3e ou tranche externe. moins marquée excepté à l'extrémité où elle se réunit aux deux premières: chez quelques individus l'intermédiaire est un peu plus courte que les autres. Chaque intervalle intercostal est marqué de quatre rangées de points assez gros; repli striément et faiblement ponctué. *Dessous du corps* rugueux; poitrine grossièrement ponctuée.

Trouvée par M. le docteur Teinturier dans les monts Aurès (Algérie).

Philax incertus.

Ovale-oblong; d'un noir peu luisant. Prothorax non sinué près des angles postérieurs; finement ponctué. Elytres à neuf stries à peine marquées; les deux premières plus prononcées; les intervalles superficiellement granulés; les troisième, cinquième et septième, légèrement convexes au moins à leur partie postérieure; le marginal visible seulement à sa partie antérieure.

Long. 0m,100 à 0m,110 (4 l. 1/2 à 5 l.). — Larg. 0m,050 à 0m060 (2 l. à 2 l. 1/2).

Corps ovale-oblong; convexe; d'un noir peu luisant. *Tête* finement ponctuée. *Antennes* prolongées jusqu'aux trois quarts des côtés du prothorax; noires. *Prothorax* élargi sur les côtés d'une manière arquée, sans sinuosité au devant des angles postérieurs; muni latéralement d'un rebord étroit, tranchant, un peu saillant et formant par là une gouttière assez large; en ligne fortement sinuée vers chaque 5e externe de sa base; muni d'un rebord basilaire étroitement interrompu dans son milieu; une fois et demie aussi large que long; convexe, un peu déprimé vers la base; couvert de petits points très-serrés. *Ecusson* transverse, rugueux. *Elytres* d'un quart à peine plus longues qu'elles sont larges, prises ensemble; un peu plus larges au devant que le prothorax; offrant à l'angle huméral une petite dent en saillie obtuse; faiblement élargies jusqu'à la moitié ou un peu plus; obtusément arrondies près de l'extrémité; déprimées sur le dos et convexement déclives sur les côtés; à stries très-légères, à peine marquées: les deux premières plus prononcées; intervalles plans, faiblement granulés: les 3e, 5e et 7e faiblement saillants à leur extrémité postérieure: bord supérieur du repli marginal visible jusqu'aux deux tiers de sa longueur. *Dessous du corps* marqué sur les côtés de l'antépectus de points assez gros, presque unis en sillon; obsolètement ponctué sur l'abdomen. *Pieds et cuisses* ruguleux. *Jambes antérieures* assez fortement élargies depuis la base jusqu'à l'extrémité : les intermédiaires denticulées sur leur arête dorsale.

Cette espèce a été trouvée dans les environs de Sidi-bel-Abbès (Algérie), par M. Lefranc, pharmacien en chef de l'hôpital militaire de cette ville.

Melambius Teinturieri.

Oblong, d'un noir brillant. Prothorax élargi en arc non sinué sur les côtés; densement ponctué. Elytres chargées en dessus d'arêtes étroites; les première et septième, deuxième et sixième, troisième et quatrième postérieurement unies; ruguleuses et marquées d'une rangée striale de petits points oblongs dans les intervalles de ces arêtes.

Long. 0m,090 l. à 0m,100 (3 1/2 à 4 l.). — Larg. 0m,030 à 0m,00 (1 l. 1/3 à 2 l.).

Corps oblong; faiblement convexe; d'un noir assez brillant. *Tête* ruguleusement ponctuée; marquée de deux fossettes profondes entre les yeux, creusée d'un sillon transversal sur la suture frontale. *Antennes* un peu moins longues que la tête et le prothorax réunis; noires, les derniers articles paraissant plus clairs par l'effet des poils fauves dont ils sont couverts. *Prothorax* élargi sur les côtés d'une manière arquée; muni latéralement d'un rebord assez étroit; échancré à la base, près de chaque angle postérieur, en ligne presque droite et sans rebord entre ces échancrures; faiblement convexe; fortement ponctué sur le disque et réticuleusement sur les côtés; marqué d'une impression transversale au devant de l'écusson. *Ecusson* transverse; fortement ponctué. *Elytres* un peu plus larges en devant que le prothorax; offrant à l'angle huméral une petite dent en saillie obtuse; parallèles jusqu'aux trois cinquièmes; arrondies à l'extrémité; faiblement convexes; chargées en dessus de neuf arêtes étroites : la 1re prolongée jusqu'à l'extrémité, postérieurement unie avec la 7e : la 2e avec la 6e, et la 3e avec la 5e : intervalles existants entre les arêtes, ruguleux et marqués chacun d'une rangée striale de petits points oblongs. *Dessous du corps* densement et finement ponctué : rugueux sur la partie médiaire de l'antépectus. *Pieds* ponctués comme l'abdomen. *Jambes* simples, les antérieures comprimées.

Cette espèce a été capturée dans les environs de Batna (Algérie) par M. le docteur Teinturier, médecin au 2e hussards, à qui nous l'avons dédiée.

Obs. Le *Melambius Teinturieri* se distingue du *M. barbarus*, Erichs. par la forme de son corps, plus court, plus trapu ; par la ponctuation du corselet, par celle des élytres et surtout par les arêtes qui ornent ces dernières beaucoup moins élevées que dans l'espèce du célèbre auteur du *Genera et species staphylinorum*.

Heliopathes batnensis.

Noir, luisant. Prothorax échancré en devant ; obtusément anguleux vers les cinq septièmes de ses côtés ; rétréci ensuite en ligne droite ; à angles postérieurs émoussés ; muni d'un rebord latéral saillant ; très-ponctué. Elytres arrondies aux épaules ; très-faiblement striées ; finement ponctuées ; intervalles plans, peu distincts, superficiellement pointillés.

Long. $0^m,0012$ à $0^m,0015$. — Larg. $0^m,0002$ à $0^m,0002$ 1/2.

♂ Cuisses postérieures, jambes intermédiaires et postérieures garnies en dessous de longs cils; les 2e et 3e articles des tarses antérieurs fortement dilatés et garnis, ainsi que le 1er, de ventouses.

♀ Cuisses et jambes glabres en dessous; tous les tarses grêles.

Oblong; d'un noir luisant. *Tête* couverte de points très-serrés; faiblement déprimée transversalement sur la suture frontale. *Antennes* prolongées jusqu'à la base du prothorax; à 3e article moitié plus long que le 4e. *Prothorax* échancré en devant en arc presque régulier; subarrondi vers les cinq septièmes de ses côtés et rétréci ensuite en ligne presque droite jusqu'aux angles postérieurs, qui sont prononcés, mais émoussés; muni latéralement d'un rebord étroit, bien saillant, en ligne presque droite à la base, interrompu dans son quart médiaire; d'un tiers au moins plus large que long; convexe, très-ponctué. *Ecusson* en triangle obtus, fortement ponctué. *Elytres* arrondies aux épaules, parallèles jusqu'aux deux tiers (♂), ou faiblement élargies vers leur milieu (♀), retrécies ensuite et subarrondies aux extrémités; convexes sur le dos; à stries de points visibles seulement à la loupe; intervalles plans, peu sensibles; faiblement pointillés; bord supérieur du repli visible jusqu'au 8e des étuis. *Dessous du corps* marqué de très-gros points sur les côtés de l'antépectus; un peu moins forts sur les bords latéraux du prosternum et de l'abdomen, dont la base des trois premiers anneaux est fortement sillonnée. *Pieds* ponctués, moins fortement sur les cuisses.

Cette espèce a été capturée, par M. Lefranc, dans les environs de Batna (Algérie).

Obs. Elle doit prendre rang après le *H. emarginatus,* Fabricius; elle s'en distingue facilement par la forme du prothorax plus convexe, plus arrondi sur les côtés, les angles postérieurs moins marqués, la ponctuation moins rugueuse; par les intervalles et les stries des élytres visibles seulement à la loupe.

DESCRIPTION

D'UNE

ESPÈCE NOUVELLE DE LONGICORNE

PAR E. MULSANT ET GODART

Présentée à la Société Linnéenne de Lyon, le 10 juillet 1865.

Agapanthia; REYI.

Corps allongé, subconvexe. Tête revêtue d'un duvet jaune verdâtre. Prothorax à peine aussi long que large à la base, médiocrement dilaté sur sa seconde moitié; noir, granuleux, paré de quatre bandes longitudinales d'un jaune verdâtre : chacune des dorsales située dans la direction des antennes. Elytres d'un vert d'olive, garnies d'un duvet court presque concolore, hérissées sur les côtés de longs poils jaunes, leur constituant une bordure.

Long. 0^m,0168 à 0^m,0174 (7 l. 1/2 à 7 l. 3/4). — Larg. 0^m,0045 (2 l.).

Corps allongé. *Tête* ponctuée; noire; revêtue d'un duvet d'un jaune verdâtre; hérissée de longs poils noirs; creusée, entre les antennes, d'un sillon linéairement prolongé jusqu'au vertex. *Yeux* très-échancrés. *Antennes* de deux tiers plus longues que le corps, au moins chez le ♂; sétacées; de douze articles : ciliées sous les premiers : le premier, épais, pubescent; noir en dessous et à l'extrémité de sa partie supérieure, d'un jaune verdâtre, sur le reste de celle-ci : le 2e, très-court, noir : les 3e à 11e couleur de chair, avec l'extrémité noire : le 12e, couleur de chair. *Prothorax* à peine aussi long sur la ligne médiane que large à la base; tronqué en devant et à son bord postérieur, plus étroit en devant, élargi en ligne courbe sur sa seconde moitié; convexe; assez finement chagriné ou densement ponctué; noir; paré de quatre bandes longitudinales d'un jaune verdâtre hérissées de poils noirs : chacune des bandes internes naissant dans la direction de l'origine des antennes et prolongée jusqu'à la base : chacune des bandes latérales peu ou point visibles quand l'insecte est examiné en dessus. *Ecusson* près d'une fois moins long que large; revêtu d'un duvet flave carné. *Elytres* d'un tiers plus larges en devant que le prothorax; près de cinq fois aussi longues que lui; presque parallèles ou faiblement rétrécies jusqu'aux deux tiers, puis sensiblement rétrécies ensuite en ligne courbe jusqu'à l'angle sutural; ruguleusement ponctuées; d'un vert d'olive, garnies d'un duvet court et presque concolore; extérieurement hérissée d'un duvet jaune verdâtre leur constituant une bordure marginale; hérissée de poils obscurs; moins longs ou presque nuls sur leur partie postérieure. *Dessous du corps* et *pieds* noirs, revêtus d'un duvet court d'un jaune verdâtre. *Ventre* parsemé de petites mouchetures ponctiformes noires.

Patrie : l'Espagne (collect. Godart).

Nous avons dédié cette espèce remarquable à notre ami M. Rey.

Obs. Elle se distingue aisément de toutes les autres par son prothorax offrant, au lieu d'une bande jaune médiane, deux bandes naissant chacune dans la direction des antennes.

DESCRIPTION

D'UNE

ESPÈCE NOUVELLE DE COLÉOPTÈRE

PAR E. MULSANT ET PELLET

Présentée à la Société Linnéenne de Lyon, le 10 Avril 1865

Phylloperta arenicola; MULSANT et PELLET.

Dessus du corps d'un brun ou brun noir violacé; garni de longs poils d'un blanc cendré, médiocrement épais. Tête ruguleusement ponctuée près de l'épistome, d'une manière rugueuse postérieurement. Prothorax sans rebord à la base, rugueusement ponctué. Ecusson en demi-cercle, presque aussi large que les deux tiers de la base d'une elytre, subsillonné. Elytres aspèrement et peu profondément ponctuées; à faibles stries (la juxtasuturale plus prononcée) : les 4e à 6e non prolongées jusqu'à l'extrémité, aboutissant à une sorte de calus : intervalles planiuscules : les 7e à 9e et surtout la 4e, plus sensiblement saillantes. Dessous du corps d'un brun violet ou verdâtre.

Long. 0m,0067 (3 l.). — Larg. 0m,0045 (2 l.) à la base des élytres.
— 0m,0056 (2 l. 1/2) vers leur extrémité.

Corps oblong; d'un brun violacé; hérissé ou garni de longs poils d'un blanc sale ou cendré, médiocrement épais, en dessus. *Tête* relevée en rebord sur les bords antérieur et latéraux de l'épistome; ruguleusement pointillée sur celui-ci, rugueusement sur le front et la partie postérieure. *Antennes* d'un brun violacé. *Palpes* d'un rouge brunâtre. *Prothorax* obtusément échancré en arc, en devant : un peu arqué et médiocrement élargi sur les côtés; tranchant, à peine rebordé à ceux-ci; tronqué un peu en arc dirigé en arrière et sans rebord, à la base; médiocrement convexe; rugueusement ponctué. *Ecusson* presque aussi large que les deux tiers de la base d'une élytre; presque en demi-cercle, un peu élargi; rayé d'une ligne longitudinale médiane. *Elytres* un peu plus larges en devant que le prothorax à sa base; deux fois et quart aussi longues lui; émoussées aux épaules; subsinueusement élargies d'avant en arrière; arrondies à leur partie postéro-externe; obtusément tronquées à l'extrémité; peu convexe sur le dos; creusées d'une fossette humérale assez faible; ruguleusement ou aspèrement et peu profondément ponctuées; marquées de dix faibles stries, la juxta-suturale plus prononcée : les 4e à 6e non prolongées jusqu'à l'extrémité; postérieurement suivies d'une sorte de calus. *Intervalles* planiuscules : les 7e à 9e, et surtout la 4e plus sensiblement saillantes. *Dessous du corps* d'un brun violâtre ou verdâtre; assez finement ponctué; hérissé de poils d'un blanc sale ou cendré. *Pieds* d'un rouge verdâtre. *Tibias* échancrés vers l'extrémité de leur tranche externe.

Patrie : la Crimée.

DESCRIPTION

D'UNE

ESPÈCE NOUVELLE DE COLÉOPTÈRES

Par E. MULSANT et CL. REY

Présentée à la Société Linnéenne le 9 janvier 1865.

Sphenoptera Pelleti; MULSANT ET REY.

Allongé; peu convexe; d'un rouge cuivreux en dessus. Epistome échancré en demi-lune en devant et chargé d'une ligne élevée de chaque côté de cette échancrure. Prothorax plus grossièrement ponctué que la tête, tronqué au devant de l'écusson et sinué de chaque côté de celui-ci, à la base. Elytres près de trois fois aussi longues que l'écusson, rétrécies depuis les épaules jusqu'à l'extrémité; tridentées à leur bord postérieur (la dent médiane plus prononcée); un peu relevées en carène sur la majeure partie postérieure de la suture, à neuf stries assez faibles et ponctuées : les 6e à 8e naissant seulement après le calus huméral. Intervalles presque imperceptiblement pointillés et marqués de points plus gros, constituant ordinairement une rangée.

Long. 0,0135 à 0^m,0147 (6 l. à 6 l. 1/2). — Larg. 0^m,0045 (2 l.).

Corps allongé; peu convexe. *Tête* près d'une fois plus large que longue; ponctuée et très-finement pointillée entre les intervalles de ces points; d'un vert doré passant au vert rouge cuivreux sur sa partie postérieure. *Epistome* échancré en demi-lune dans le milieu de son bord antérieur, chargé de chaque côté de cette échancrure d'une ligne élevée dirigée vers le milieu du bord interne des yeux. *Antennes* filiformes; d'un vert doré; déprimées; dentées au côté interne; à 2e article court : le 3e le plus long; yeux noirs. *Prothorax* tronqué en devant, avec les angles antérieurs avancés jusqu'au milieu du côté externe des yeux; élargi en ligne un peu courbe sur les côtés; étroitement rebordé à ceux-ci; tronqué au devant de l'écusson et sinueux de chaque côté de celui-ci, à la base; sans rebord à celle-ci; d'un cinquième plus large à cette dernière que long sur la ligne médiane; d'un rouge de cuivre; plus grossièrement ponctué que la tête. *Ecusson* une fois plus large que long; arrondi sur les côtés, rétréci ensuite en pointe, subsinueux près de celle-ci; lisse; d'un rouge cuivreux. *Elytres* aussi larges en devant que le prothorax à sa base; près de trois fois aussi longues que lui; rétrécies depuis les épaules jusqu'à l'extrémité; trois fois aussi larges à la base qu'à celle-ci; tridentées à leur bord postérieur : la dent médiane la plus prononcée; étroitement rebordées sur les côtés; très-médiocrement convexes; un peu relevées en carène sur la majeure partie postérieure de la suture; d'un rouge cuivreux; marquées chacune de neuf stries assez faibles et ponctuées, et d'une strie juxta-suturale rudimentaire : les 6e à 8e stries naissant seulement après le calus huméral. *Intervalles* presque imperceptiblement pointillés et marqués de gros points, peu rapprochés, constituant ordinairement une rangée; planiuscules : les 3e et 5e postérieurement relevés en forme de côte. *Dessous du corps* d'un rouge cuivreux; ponctué. *Sternums* canaliculés et garnis d'un duvet blanchâtre. Partie médiane du premier arceau du ventre avancée en forme de triangle allongé et très-étroit jusqu'au niveau du bord antérieur des hanches postérieures. *Pieds* d'un rouge cuivreux; ponctués : les antérieurs irisés de vert.

Patrie : la Crimée.

Dédiée à M. Pellet qui a enrichi le Catalogue des Coléoptères de plusieurs espèces nouvelles.

(Extrait des *Annales* de la Société Linnéenne de Lyon.)

Lyon. — Imp. de Pinier, rue Tupin, 31.

DESCRIPTION

D'UNE

NOUVELLE ESPÈCE DE COLÉOPTÈRE

DE LA TRIBU DES CARABIDES

Diachromus exquisitus; MULSANT et REY.

Oblongus, subnitidus, parùm convexus, densiùs fulvo-pubescens, subtiliter densè, capite pronotoque fortiùs, punctulatus; infrà niger, suprà viridi-cyaneus, antennis, capite, pronoti margine tenui, elytrorum limbo externo tertiâque parte baseos, prosterni basi apiceque, coxis anticis, coxarum intermediarum et posticarum apice, pedibusque rufo-testaceis. Pronotum subtransversum, subcordatum, basi angustius, lateribus anticè subrotundatis, angulis posticis rectis, medio subtiliter canaliculatum. Elytra subparallela, apice obtusè rotundata distinctiùsque sinuata, læviter-striata.

♂ *Les quatre premiers articles des tarses antérieurs et intermédiaires* garnis en dessous d'une brosse épaisse de poils flaves et courts, entremêlés de petites ventouses. *Les 2e à 4e des antérieurs*, en outre, fortement dilatés. *Les mêmes des intermédiaires* à peine dilatés.

♀ *Les quatre premiers articles des tarses antérieurs et intermédiaires* simplement ciliés en dessous. *Les 2e à 4e des antérieurs* subcyathiformes et légèrement dilatés. *Les mêmes des intermédiaires* simples ou non dilatés.

Long. 0m,009 (4 l.). — Larg. 0m,0035 (1 l. 2/3).

Corps oblong, assez brillant, revêtu d'une fine et courte pubescence flave, assez serrée.

Tête d'un tiers moins large que la partie antérieure du prothorax; densement et assez fortement ponctuée, avec le cou lisse ou presque lisse; d'un roux testacé assez brillant; revêtue d'une pubescence fauve, assez courte, assez serrée et redressée, avec une longue soie rousse de chaque côté, près des yeux. *Front* peu convexe, offrant de chaque côté entre les antennes une impression arquée en dedans, assez prononcée et joignant la base de *l'espitome:* celui-ci assez fortement et subrugueusement ponctué, séparé du front par une suture fine, mais assez sensible, présentant de chaque côté de son bord antérieur une longue soie fauve. *Labre* peu convexe, presque lisse, d'un roux testacé ou ferrugineux, cilié à son bord apical de 6 longues soies flaves et brillantes. *Les autres parties de la bouche* d'un roux testacé avec l'extrémité des *mandibules* d'un noir de poix.

Yeux assez saillants, noirs.

Antennes filiformes, à peine aussi longues que la moitié du corps; entièrement rousses ou d'un roux testacé; finement et brièvement pubescentes, avec quelques cils plus longs, en dessus et en dessous, vers l'extrémité de chaque article.

Prothorax subcordiforme, subtransverse ou un peu moins long que large; plus étroit dans sa plus grande largeur que la base des élytres; circulairement et largement échancré au sommet, avec les angles antérieurs émoussés, mais assez saillants; subtronqué à la base; légèrement arrondi antérieurement sur les côtés, qui sont faiblement sinués en arrière, avec les angles postérieurs droits et plus ou moins prononcés; peu convexe sur le dos, et marqué sur sa ligne médiane d'un sillon canaliculé, fin, raccourci en avant et en arrière; transversalement subdéprimé à sa base où il offre de chaque côté une impression droite, oblongue et assez sentie; assez densement et assez fortement ponctué, avec la ponctuation un peu plus forte et un peu plus serrée dans les impressions; revêtu d'une fine pubescence fauve, assez serrée et presque droite, avec deux longs poils sur les côtés: l'un situé avant le milieu, l'autre vers les angles postérieurs; d'un vert foncé assez brillant, sonvent bleuâtre, avec le fin rebord extérieur d'un roux testacé.

Écusson presque lisse, d'un noir assez brillant et submétallique.

Élytres oblongues, deux fois et demie aussi longues que le prothorax; légèrement arrondies vers les épaules, puis subparallèles sur les côtés jusqu'aux trois quarts de leur longueur, après lesquels elles se rétrécissent un peu pour aller s'arrondir largement et obtusément au sommet; distinctement et individuellement sinuées avant l'angle sutural qui est un peu émoussé; peu convexes ; offrant 9 stries assez fines, mais bien marquées, et le commencement d'une 10e entre la juxta-suturale et la 2e : ces stries un peu plus profondes vers le sommet et la 7e marquée d'un gros point enfoncé près de son extrémité, à la hauteur des sinus; avec les intervalles plans, couverts d'une ponctuation plus serrée et surtout beaucoup plus fine que celle du prothorax, et le submarginal avec une série de points grossiers, un peu plus écartés vers le milieu des côtés; revêtues d'une pubescence serrée, fauve, un peu couchée, un peu plus courte que celle de la tête et du prothorax; présentant sur les côtés des épaules un ou deux longs poils redressés et de même couleur; assez brillantes; bleuâtres avec le limbe extérieur et le premier tiers d'un roux testacé; ou bien, d'un roux testacé et parées d'une tache d'un bleu violacé, étendue jusqu'à la suture et occupant la majeure partie du disque, moins le tiers basilaire, et ordinairement peu tranchée dans son pourtour, de manière à se fondre insensiblement avec la couleur foncière. *Épaules* assez largement arrondies en dehors.

Dessous du corps obsolètement ponctué, un peu plus fortement sur les côtés de la poitrine; à peine pubescent; d'un noir brillant, parfois submétallique, avec le dessous de la tête, la partie antérieure et le sommet du prosternum, les hanches antérieures, l'extrémité des intermédiaires et postérieures, et le repli inférieur des élytres d'un roux testacé. *Tête du prosternum* offrant deux longs poils. *Métasternum* longitudinalement canaliculé sur sa ligne médiane. *Ventre* parsemé de quelques longs poils redressés.

Pieds d'un roux testacé assez brillant, ainsi que les trochanters, avec l'éperon des tibias antérieurs épais et d'un noir de poix; à peine pubescents. *Cuisses* assez épaisses, légèrement ciliées en dessous. *Tibias et tarses* hispido-sétosellés.

Patrie : l'Orient.

Obs. Cette espèce est facile à confondre avec le *Diachromus germanus* dont nous l'avions d'abord considérée comme une simple variété locale. Mais l'examen attentif de plusieurs échantillons nous y a fait découvrir des caractères spécifiques constants. En effet, la forme générale est proportionnellement un peu plus étroite, et la couleur un peu plus brillante. La ponctuation de la tête et du prothorax est un peu plus grossière. Celui-ci est un peu moins court, moins rétréci en arrière, avec les côtés moins arrondis en avant et les angles antérieurs plus proéminents. Les élytres sont plus parallèles ou moins arrondies sur leurs côtés, et la tache dont elles sont parées est toujours moins nette sur ses bords, plus étendue et même quelquefois au point d'envahir presque toute la surface. Enfin, le dessous du corps présente aussi quelques différences quant à la coloration de quelques-unes de ses parties : ainsi, par exemple, la partie antérieure et la tête du prosternum sont d'un roux testacé, tandis que tout ce segment est noir dans le *Diachromus germanus*. Les hanches antérieures sont entièrement d'un roux testacé, et les intermédiaires et postérieures sont largement lavées de cette même couleur dans le *Diachromus exquisitus*, au lieu que toutes les hanches sont plus ou moins faiblement roussâtres à leur extrémité, seulement chez le *Diachromus germanus*.

DESCRIPTION

D'UNE

ESPÈCE NOUVELLE

DU GENRE AULETES

Par MM. E. MULSANT et A. GODART.

Auletes Tessoni.

Subovalaire, d'un noir-bleuâtre brillant; rostre court, déprimé; antennes noires, insérées à la base du rostre; prothorax transversal, fortement arrondi sur les côtés, densement ponctué; élytres marquées d'une strie unique, juxta-suturale, rugueusement ponctuées.

Long. 0^m,003 (1 l. 1/3). — Larg. 0^m,0017 (3/4 l.).

Corps subovalaire, d'un noir bleuâtre brillant, couvert de poils blanchâtres, assez courts, peu serrés.

Tête verticale, glabre, ponctuée. *Rostre* de la longueur de la tête, déprimé, obsolètement chagriné. *Front* convexe, marqué de points plus gros que ceux des autres parties de la tête. *Vertex* assez convexe, ponctué, partagé dans son milieu par une strie assez profonde. *Antennes* fortes, insérées à la base du rostre, noires, pubescentes : la massue épaisse, acuminée. *Yeux* gros, très-saillants, arrondis, noirs.

Prothorax transversal, aussi large que long, fortement rétréci en avant et en arrière, très-arrondi sur les côtés, marqué d'une impression transversale, assez large, près du bord antérieur, rebordé à la base, convexe, fortement ponctué, couvert de poils blanchâtres courts et peu serrés.

Écusson subordiculaire, lisse.

Élytres deux fois et demie plus longues que le prothorax, plus larges que ce dernier à la base, épaules arrondies et saillantes ; subparallèles jusqu'aux deux tiers postérieurs de leur longueur, se rétrécissant insensiblement jusqu'au sommet où elles sont arrondies, finement rebordées latéralement, marquées d'une strie juxta-suturale, rugueusement ponctuées, couvertes d'une pubescence blanchâtre, peu serrée.

Dessous du corps assez convexe, obsolètement ponctué, garni de poils grisâtres.

Pieds allongés, pubescents. *Cuisses* renflées en leur milieu. *Jambes* antérieures longues. *Tarses* courts, le pénultième article dilaté.

Nous avons dédié cette espèce à M. le capitaine Tesson, qui l'a découverte dans les environs de Lyon, en battant des aunes (*Alnus incana*, de Candolle).

Elle se distingue facilement de ses congénères par sa taille plus ramassée, par son rostre plus court et plus épais, par ses antennes et ses pattes entièrement noires et par la ponctuation générale du corps beaucoup plus forte.

DESCRIPTION

D'UNE

ESPÈCE NOUVELLE DE COLÉOPTÈRE

DU GENRE ATHOUS

Par E. MULSANT et A. GODART

Présentée à la Société linnéenne de Lyon, le 8 juillet 1867.

Athous Chamboveti.

Noir, garni d'une pubescence cendrée, qui le fait paraître grisâtre. Tête marquée de points assez gros, déprimée sur le front; arête frontale renflée, échancrée dans son milieu, avancée sur l'épistome qui reste distinct; 2e article des antennes très-court, le 3e moins grand que le 4e. Prothorax présentant une ligne longitudinale raccourcie sur le disque, couvert d'une ponctuation serrée, moins forte que sur la tête. Écusson brièvement ovale, caréné longitudinalement sur le milieu. Élytres à stries canaliculées, ponctuées : les quatre dernières n'atteignant pas la base.

Long. $0^{m},0105$ (4 l. 1/2). — Larg. $0^{m},0025$ (1 l.).

Corps allongé ; noir, couvert d'une pubescence cendrée qui le fait paraître d'un noir grisâtre.

Tête déprimée sur le front, à crête frontale relevée, fortement échancrée dans son milieu, avancée au-dessus de l'épistome qui est perpendiculaire et reste bien distinct sur toute sa largeur; marquée de gros points serrés. *Mandibules* et *palpes* noirâtres.

Antennes prolongées jusqu'au 5e environ des élytres, pubescentes, noirâtres : 2e et 3e articles un peu plus étroits que les suivants : le 2e beaucoup plus court que le 3e : celui-ci un peu moins longs que le 4e.

Prothorax légèrement échancré au bord antérieur, d'un tiers environ plus long que large, plus étroit en devant, à angles postérieurs un peu obtus, médiocrement prolongés en arrière, les antérieurs déclives; couvert d'une ponctuation serrée, moins forte que celle de la tête; offrant une ligne médiane indistincte à ses extrémités; noté de deux fossettes de chaque côté de cette ligne : la première au tiers, et la deuxième aux trois quarts de sa longueur, et d'une forte dépression de chaque côté, placée entre les deux fossettes et touchant le bord extérieur.

Écusson brièvement ovale, ponctué, chargé d'une carène médiane, bien prononcée.

Élytres un peu plus larges en devant que le prothorax à ses angles postérieurs, deux fois et demie plus longues que lui, très-légèrement rétrécies à leur extrémité; ayant chacune neuf stries canaliculées et fortement ponctuées : les quatre dernières n'atteignant pas la base. Intervalles plans, rugueusement et finement ponctués.

Dessous du corps noir : tous les segments de l'abdomen ornés d'une bordure flave; pubescent, assez fortement ponctué sur l'antépectus et pointillé sur le reste.

Pieds noirs avec l'extrémité des cuisses et les tarses d'un ferrugineux obscur ; 2e, 3e et 4e articles des tarses garnis en dessous d'une sorte de petite houpe de poils.

Patrie : Le Mont-Pilat.

Cette espèce doit prendre rang à côté de l'*Athous olbiensis;* elle s'en distingue par une taille plus avantageuse, par les fossettes du corselet; par les stries des élytres, et par leur septième intervalle qui n'est pas caréné comme dans cette dernière.

Elle a été découverte par M. Chambovet, entomophile de St-Étienne, à qui nous l'avons dédiée.

DESCRIPTION

DE

DEUX NOUVELLES ESPÈCES DE COLÉOPTÈRES

Par E. MULSANT et A. GODART.

Présentée à la Société linnéenne le 12 août 1867.

Coptocephala peregrina.

Testacée, subpubescente. Tête lisse avec deux impressions longitudinales entre les antennes et une petite strie sur la partie médiane. Yeux noirs. Prothorax transversal, creusé au milieu d'un sillon longitudinal, tronqué carrément à la base. Écusson en triangle allongé, pubescent. Élytres faiblement striées, ornées d'une bande noire en forme de chevron, à cheval sur la suture.

Var. *Élytres* sans taches.

Longueur 0^m,0078 à 0^m,0090 (3 à 4 l.) — Larg. 0030 (1 l. 1/2)

♂ Les trois premiers articles des tarses antérieurs fortement dilatés.

♀ Les trois premiers articles des tarses antérieurs simples.

Corps peu allongé, déprimé ; testacé avec la tête et le prothorax rougeâtres.

Tête assez grande, près d'un tiers plus étroite que le prothorax ; marquée entre les antennes de deux impressions obliques et d'une petite ligne qui les sépare.

Yeux noirs, arrondis, très-saillants.

Antennes de la longueur de la tête et du prothorax réunis ; pubescentes, avec le 1er article oblong, épais : le 2e plus court, obconique : le 3e allongé : les 4e à 10e subégaux, obconiques ; le dernier allongé, acuminé au bout.

Prothorax transversal, d'un tiers moins long que large, finement rebordé à la base, plus largement sur les côtés qui sont relevés en gouttière ; échancré légèrement en avant, faiblemement arrondi sur les côtés avec les angles antérieurs saillants, infléchis et les postérieurs obtus ; coupé carrément à la base ; creusé au milieu d'un sillon longitudinal raccourci antérieurement ; marqué de chaque côté de la base de deux impressions oblongues ; assez brillant et lisse.

Écusson en triangle allongé, pubescent.

Élytres planes, en carré allongé, plus larges que le prothorax à la base, deux fois et demie environ plus longues que lui ; munies latéralement d'un rebord qui s'efface un peu avant l'extrémité, qui est tronquée obliquement ; à neuf stries imperceptibles ; parées d'une bande noirâtre commune ayant la forme d'un chevron dont le sommet est sur la suture, située vers les deux tiers de leur longueur ; intervalles presque plans, excepté les 2e et 4e qui sont visiblement relevés, marqués de très-petits points servant d'insertion à des poils très-courts, d'un fauve rougeâtre qui font paraître les élytres mates ; quatre ou cinq gros points, très-distancés sur le huitième intervalle.

Dessous du corps lisse, d'un rouge testacé brillant. *Cuisses* sensiblement renflées. *Tibias* hispides sur leur arête : le pénultième article des tarses en cœur.

Cette espèce a été trouvée à Marseille, courant sur le port ; elle aura été importée avec les arachides provenant de l'Égypte.

Aubeonymus notatus.

Ovale-oblong, convexe, noir, couvert de squammules d'un gris-noirâtre. Rostre déprimé, arqué, fortement ponctué. Antennes assez longues et grêles. Tête et prothorax fortement ponctués. Élytres ponctuées-striées, marquées d'une tache transversale commune, d'un gris roussâtre, entourée d'un cercle noir. Pattes robustes : jambes armées d'un fort crochet à leur extrémité.

Longueur 0m,008 (3 1/2 l.) — Largeur 0m,005 (1 3/4 l.).

Corps ovale, oblong, convexe, noir.

Tête large, courte, convexe, rugueusement ponctuée. *Rostre* de la longueur de la tête et du prothorax réunis, arqué, déprimé ; marqué de trois carènes longitudinales; fortement ponctué; noté de deux lignes de points beaucoup plus gros de chaque côté de la carène médiane.

Yeux latéraux, ovalaire, déprimés, noirs.

Antennes pubescentes, d'un roux ferrugineux ; scape atteignant le bord antérieur du prothorax ; funicule un peu plus long que le scape, à 1er et 2e article allongés, obconiques : le 1er plus épais et un peu plus long que le 2e : les 3e à 5e courts, ovalaires : 6e et 7e plus longs, subarrondis : massue ovale oblongue, subacuminée.

Prothorax un peu plus long que large, tronquée au sommet et prolongé en arrière à la base, faiblement arrondi sur les côtés, lobé derrière les yeux ; d'un noir de poix ; ruguleusement ponctué et paré de squamules grisâtres.

Écusson petit, triangulaire, couvert d'un duvet grisâtre.

Élytres oblongues, deux fois plus longues que le prothorax, plus larges que ce dernier à la base ; *Épaules* proéminentes ; faiblement arrondies sur les côtés et assez brusquement rétréci en arrière ; garnies de squammules piliformes, grisâtres; parées de petites taches, composées de squammules ovalaires, d'un gris noirâtre, disposées longitudinalement sur les intervalles et d'une tache commune, transversale, d'un gris roussâtre, entourée d'un cercle noir, située vers les deux tiers de la longueur et s'étendant de chaque côté depuis la suture jusqu'au troisième intervalle ; marquées de stries profondes assez fortement ponctuées. Intervalles larges, convexes.

Dessous du corps subdéprimé ; noirâtre ; rugueusement ponctué.

Pattes robustes, garnies d'une pubescence épaisse; d'un brun ferrugineux. *Cuisses* courtes, fortement renflées après leur milieu, ponctuées sur toute leur surface. *Tibias* chagrinés et rugueusement ponctués; armés d'un fort crochet à leur extrémité. *Tarses* courts, garnis en dessous d'une brosse de poils grisâtres.

Patrie : Les environs de Magenta (Italie).

DESCRIPTION

D'UNE

ESPÈCE NOUVELLE DE GÉOCORISE

Constituant un Genre nouveau parmi les Ligéides

Présenté à la Société Linnéenne le 9 juillet 1866.

Genre *Apterola*, APTEROLE; Mulsant et Rey.

CARACTÈRES. *Antennes* insérées au devant des yeux sur le bord interne du repli des joues; de quatre articles: le 1er débordant à son extrémité la partie antérieure de la tête, le plus court; le 2e le plus long: les deux autres presque égaux. *Tête* triangulaire. *Ocelles* petits rapprochés des yeux. *Pronotum* transverse, faiblement échancré en arc à son bord postérieur; à cicatrices linéaires. *Ecusson* tronqué postérieurement, ne dépassant pas le métathorax; *Cories* réduites à des moignons, ne dépassant pas le métathorax; à membrane nulle. *Ailes* nulles. *Dos de l'abdomen* entièrement à découvert.

Apteola Künckeli; Mulsant et Rey

Dessus du corps garni de poils fins très-courts; d'un noir mat: bords antérieur et latéraux du pronotum, ligne médiane du même segment étroite en devant, triangulairement élargie postérieurement, ligne médiane de l'écusson, bords des moignons des cories, seconde moitié des arceaux de la tranche abdominale et de son repli, rouges: bord rostral des pièces prébasilaires, cotyles et bord postérieur des segments pectoraux, d'un rouge blanchâtre.

Long. 0m,0067 (3 l.). — Larg. 0m,0020 (9/10 l.)

Patrie: l'Espagne.

Découverte par M. Künckel, à qui nous l'avons dédiée.

DESCRIPTION

DE

DEUX ESPÈCES NOUVELLES D'ALPHITOBIUS

(Coléoptères de la tribu des LATIGENES, famille des *Ulomiens.*)

par E. MULSANT et GODART

Présentée à la Société linnéenne de Lyon le 11 novembre 1867.

Alphitobius granivorus.

Oblong ou suboblong; médiocrement convexe; entièrement d'un roux testacé. Yeux presque entièrement coupés. Dernier article des palpes maxillaires une fois plus long que large. Prothorax arqué sur les côtés, offrant vers la moitié ou un peu plus sa plus grande largeur, aussi large à la base que les élytres; bissinué et moins faiblement rebordé dans le milieu de la base; presque uniformément marqué de points ronds. Élytres à stries à peine plus fortement ponctuées que les intervalles, ceux-ci finement ponctués : les trois ou quatre internes presque plans, rendant les stries moins distinctes; les externes faiblement convexes. Prosternum convexe, à peine rebordé sur les côtés.

Corps oblong; médiocrement convexe; entièrement d'un rouge de cuir ou d'un roux testacé; luisant de dessus.

Tête marquée de points un peu moins petits sur le front que sur l'épistome; marquée sur la suture frontale d'un sillon transversal ou par un arc dirigé en arrière.

Épistome tronqué ou à peine échancré en arc au devant.

Yeux noirs, presque entièrement coupés par les joues.

Antennes prolongées jusqu'à la moitié ou aux trois cinquièmes des côtés du prothorax ; d'un rouge de cuir ; grossissant à partir du 4e article ; dentées au côté interne à partir du 6e : les 4e à 10e plus larges que longs.

Prothorax échancré en arc, en devant, avec la partie médiane de cette échancrure transverse; arqué sur les côtés, et offrant vers la moitié ou un peu plus de ceux-ci sa plus grande largeur ; rebordé latéralement ; aussi large à la base que celle des élytres ; plus large aux angles postérieurs qu'aux antérieurs; bissinué à la base, avec la partie médiane un peu plus prolongée en arrière que les angles latéraux ; muni d'un rebord basilaire moins faible dans le milieu que sur les côtés ; déprimé ou marqué d'une fossette au-devant de chaque sinuosité, près d'une fois plus large à son bord postérieur que long sur son milieu ; plus convexe que les élytres ; presque uniformément marqué de points plus gros que ceux de la tête, et séparés par des espaces lisses.

Écusson plus large que long ; en ogive ou presque en demi-cercle ; finement ponctué.

Élytres subparallèles jusqu'aux deux tiers, en ogive postérieurement; très-médiocrement convexes ; à neuf stries marqués de points à peine plus gros que ceux des intervalles, ceux-ci finement ponctués ; les trois ou quatre plus internes presque plans et rendant, par là, les stries plus faibles ou moins distinctes : les autres, médiocrement convexes. *Repli* prolongé jusqu'à l'angle sutural.

Dessous du corps d'un roux testacé, d'un roux presque orangé ou d'un roux de cuir ; granuleux sur les côtés de l'antépectus, ponctué sur le reste. *Prosternum* convexe ; à peine muni d'un léger rebord sur les côtés.

Pieds de la couleur du dessous du corps : jambes antérieures et intermédiaires faiblement arquées et faiblement denticulées sur leur arête externe : les postériers droits et inermes. *Premier article des tarses postérieurs* aussi long que les deux suivants réunis; un peu moins grand que le dernier.

Cette espèce a été prise à Marseille.

Alphitobius viator.

Oblong ; très-médiocrement convexe ; entièrement d'un rouge brunâtre. Yeux coupés aux deux tiers. Dernier article des palpes maxillaires de moitié plus long que large. Prothorax offrant vers les trois cinquièmes sa plus grande largeur, un peu moins large à la base que les élytres ; bissinué et un peu moins faiblement rebordé à la base que sur les côtés ; presque uniformément marqué de points ronds. Élytres à stries prononcées et marquées de points assez gros. Intervalles convexes, pointillés. Prosternum aplani à partir de la moitié des hanches.

Long. 0^m,0067 (3 l.) — Larg. 0^m,0022 à 0^m,0026 (1 à 1/8 l.).

Corps oblong ; très-médiocrement convexe ; entièrement d'un rouge brunâtre ; presque mat sur le prothorax, peu luisant sur les élytres.

Tête uniformément marquée de points un peu plus petits que ceux du prothorax ; marquée sur la suture frontale d'un sillon transversal arqué en arrière. *Épistome* tronqué ou à peine échancré en arc, en devant. *Palpes maxillaires* à dernier article élargi d'arrière en avant, obliquement tronqué à l'extrémité ; de moitié plus long que large.

Yeux noirs ; coupés jusqu'aux deux tiers par les joues.

Antennes prolongées jusqu'aux trois quarts des côtés du prothorax ; grossissant à partir du 4e article ; dentées au côté interne à partir du 5e : les 4e à 10e plus larges que longs.

Prothorax échancré en arc assez régulier, en devant ; arqué sur côtés, mais plus faiblement sur le tiers postérieur de ceux-ci ; offrant vers les deux tiers sa plus grande largeur, parfois légèrement sinué près des angles postérieurs ; un peu moins large à sa base que celle des élytres ; un peu plus large aux angles postérieurs qu'aux antérieurs ; bissinué à la base, avec la partie médiane de celle-ci sensiblement plus prolongée en arrière que les angles postérieurs ; orné d'un rebord basilaire moins faible dans le milieu que sur les côtés ; souvent à peine déprimé au devant de chaque sinuosité basilaire : de deux tiers plus large à la base que long sur son milieu ; plus sensiblement convexe sur son milieu que les élytres, et moins convexement déclive qu'elles sur les côtés; presque uniformément marqué de points un peu plus gros que ceux de la tête.

Écusson en triangle, un peu plus long que large ; étroitement rebordé sur les côtés; finement ponctué.

Élytres parallèles jusqu'aux deux tiers, en ogive postérieurement; peu convexes sur de dos, subconvexement déclives sur les côtés; à neuf stries, très-prononcées et marquées de points transverses rapprochés; les 4e et 5e ordinairement les plus courts. *Intervalles* convexes; pointillés. *Repli* prolongé jusqu'à l'angle sutural.

Dessous du corps d'un rouge brunâtre : ventre parfois plus obscur. *Prosternum* aplani à partir de la moitié des hanches. *Côtés de l'antépectus*, un peu granuleux. *Ventre* plus finement ponctué.

Pieds de la couleur de la poitrine. *Jambes antérieures* faiblement arquées et à peine denticulées, sur leur arête externe. *Jambes intermédiaires* et postérieurs droits.

Tarses postérieurs à 1er article plus long que les deux suivants réunis, au moins aussi grand que le dernier.

Cette espèce a été trouvée comme la prédédente, à Marseille, où elle a été sans doute importée avec les blés étrangers.

L'*A. viator* se distingue de l'*A. granivorus* par sa couleur moins claire; par son corps un peu plus allongé, plus parallèle; par ses yeux beaucoup moins coupés par les joues; par son prothorax échancré en arc régulier en devant, plus faiblement arqué dans sa seconde moitié; débordé à la base, par les élytres, de la largeur d'un intervalle de celles-ci; offrant la partie médiane de sa base plus prolongée en arrière; par ses élytres à stries plus profondes et marquées de lignes et de points transverses, rapprochés, visiblement plus gros que ceux des intervalles; par ces derniers plus convexes; par son prosternum aplani postérieurement, à partir de la moitié des hanches.

DESCRIPTION

DE

TROIS COLÉOPTÈRES NOUVEAUX

Par E. MULSANT et A. GODART

Helops tauricus.

Oblong, d'un noir brillant en dessus. Prothorax échancré à son bord antérieur ; élargi en ligne courbe jusqu'aux deux tiers, rétréci ensuite jusqu'à la base; légèrement sinué près des angles postérieurs, qui sont rectangulaires ; convexe ; rebordé sur les côtés; réticuleusement ponctué. Élytres de moitié plus longues que larges, subparallèles jusqu'aux trois cinquièmes, à stries prononcées, marquées de points oblongs ; intervalles plans, pointillés.

♂ *Ventre* garni d'une touffe de poils flaves sur le milieu du 1er arceau. Trois premiers articles des tarses antérieurs et intermédiaires garnis en dessous d'espèces de ventouses : les 2e et 3e des antérieurs subcordiformes.

♀ *Ventre* glabre. *Tarses* sans ventouses : les trois premiers articles des antérieurs non cordiformes, à peine élargis.

Long. 0m,0067 à 0m,0100 (3 l. à 4 l. 1/2). — Larg. 0m,0030 à 0m,0045 (1 l. 1/2 à 2 l.).

Corps oblong ; convexe ; d'un noir brillant en dessus.

Tête fortement déprimée sur la suture frontale, celle-ci visiblement arquée en arrière, marquée de points très-serrés.

Labre d'un rouge jaunâtre, cilié de fauve.

Antennes d'un brun rouge, plus clair à l'extrémité qu'à la base, garnies de poils fins, à 3e article deux fois et demie aussi long que le 2e; le dernier ovalaire, obtus à son extrémité.

Prothorax échancré en arc régulier en devant, élargi en ligne courbe jusqu'aux deux tiers environ, faiblement rétréci ensuite en ligne presque droite, à peine sinué devant les angles postérieures, qui sont rectangulaires; muni sur les côtés d'un rebord étroit, saillant; plus étroitement rebordé à la base et au bord antérieur; très-convexe; presque aussi long que large; densement ponctué sur le disque, ruguleusement sur les côtés.

Écusson une fois plus large que long, en demi-cercle; ponctué.

Élytres plus larges en devant que le prothorax à sa base; subparallèles jusqu'aux trois cinquièmes (♂), ou à peine élargies vers leur milieu (♀); de moitié plus longues que larges; munies d'un rebord marginal, entièrement visible sur toute sa longueur; à neuf stries ou rainurelles étroites, plus profondes en devant, marquées de points oblongs, bien distincts dans toute leur longueur: la 1re réunie à la 2e antérieurement: celle-ci unie à son extrémité postérieure à la 7e, et la 3e à la 6e.

Intervalles plus visiblement ponctués.

Dessous du corps noir, côtés de l'antépectus marqués de rides longitudinales.

Posternum parallèle entre les hanches, obtusément en toit après elles, sillonné dans son milieu. Abdomen fortement ponctué: les trois derniers anneaux bordés de jaune flave.

Pieds bruns, plus clairs sur les jambes et les tarses, pointillés: jambes et tarses garnis en dessous de poils soyeux d'un flave testacé: 1er article des tarses postérieurs un peu plus longs que les deux suivants réunis.

Patrie: La Crimée.

Cette espèce se distingue de toutes ses congénères par la ponctuation de son prothorax et par la touffe de poils qui orne le milieu du 1er arceau de l'abdomen chez le ♂: elle doit prendre rang après l'*H. harpaloides* (Küster).

Helops minutus.

Court; ovale; convexe; d'un brun rouge avec un reflet métallique brillant en dessus. Prothorax légèrement arqué en devant, arrondi sur les côtés, tronqué à la base; angles postérieurs émoussés; couvert de points serrés d'où sortent autant de poils jaunâtres, courts, un peu recourbés en arrière. Élytres subarrondies aux épaules; en ovale un peu allongé, une fois plus longues que larges, à trois stries ponctuées; intervalles plans, marqués d'une ligne de points d'où émergent des poils jaunâtres assez raides.

♂ Trois premiers articles des tarses antérieurs ciliés et garnis en dessous d'espèces de ventouses légèrement dilatés.

♀ Tarses peu ciliés sans ventouses et non dilatés.

Long. 0m,0033 à 0m,0045 (1 l. 1/2 à 2 l.). — Larg. 0m,0018 à 0m,0022 (3/4 l. à 1 l.).

Corps court; ovale; convexe; d'un brun rouge brillant, avec un reflet métallique en dessus.

Tête marquée de points très-serrés donnant chacun naissance à une soie courte: suture frontale légèrement arquée en arrière.

Labre pointillé, d'un jaune testacé, cilié en devant.

Palpes et *Antennes* d'un roux testacé: ces dernières pubescentes, grossissant sensiblement vers l'extrémité, à 3e article deux fois aussi long que le 2e: le dernier ovalaire.

Prothorax faiblement arqué en avant, arrondi sur les côtés, à angles postérieurs émoussés, tronqué à la base en ligne presque droite; muni sur les côtés d'un rebord assez tranchant, peu saillant, convexe; couvert d'une ponctuation serrée, présentant la même pubescence que sur la tête.

Écusson en triangle, une fois plus large que long.

Élytres à peine plus larges que le prothorax à sa base, subarrondies aux épaules, assez faiblement élargies jusque vers les deux tiers et rétrécies ensuite jusque à l'angle sutural; une fois plus longue que larges; munies d'un rebord latéral entièrement visible dans toute sa longueur; convexes; à stries ponctuées.

Intervalles presque plans marqués d'une série régulière de points, donnant naissance chacun à une soie courte d'un livide flavescent; ces soies ainsi disposées forment une rangée régulière et bien visible sur chaque intervalle et donnent un cachet particulier à cette espèce.

Dessous du corps d'un brun rouge: finement ridé sur les côtés de l'antépectus; ponctué sur les médi et postpectus, plus faiblement sur le ventre.

Prosternum ponctué, fortement convexe, rebordé entre les hanches, non relevé en pointe à son extrémité.

Postépisternums rétrécis d'avant en arrière, visiblement pointillés.

Pieds d'un brun rouge.

Cuisses pointillées, jambes assez faiblement garnies en dessous de poils cendrés, tarses plus garnis en dessous de poils semblables.

Patrie: L'Algérie, environs de Biskra.

Cette espèce, la plus petite du genre, se distingue facilement de toutes celles connues, par l'exiguité de sa taille et par les poils qui forment des rangées régulières sur les élytres.

Hedyphanes hirtus.

Allongé; convexe; bronzé; hérissé en dessus de poils fins, peu serrés. Prothorax arqué en devant, arrondi sur les côtés, à angles postérieurs émoussés; arqué à la base; réticuleusement ponctué. Élytres subarrondies aux épaules, en ovale allongé, une fois plus longues que larges; à stries presque effacées; marquées de points peu distincts postérieurement. Intervalles plans, visiblement pointillés.

♂ Dernier article des antennes médiocrement arqué au côté externe. Trois premiers articles des tarses antérieurs ciliés et garnis en dessous de sortes de ventouses; légèrement dilatés.

♀ Dernier article des antennes fortement arqué à son côté externe. Tarses peu ciliés : les antérieurs à peine dilatés.

Long. 0m,0056 à 0m,0078 (2 l. 1/2 à 3 l/2 l.). — Larg. 0m,0022 à 0m,0033 (1 l. à 1/2 l.)

Corps allongé; convexe; d'un bronzé brillant; hérissé en dessus de poils fins et assez longs.

Tête réticuleusement ponctuée, profondément creusée sur la suture frontale.

Labre cilié en devant.

Palpes d'un brun rouge.

Antennes prolongées jusqu'au quart (♀) ou aux deux cinquièmes (♂) des élytres; d'un brun rouge, plus clair à l'extrémité qu'à la base; pubescentes; à 3e article une fois plus long que le 2e: le dernier ovale-oblong.

Prothorax faiblement arqué en devant, arrondi sur les côtés, sub-arrondi aux angles postérieurs, un peu moins large à ceux-ci qu'à ceux de devant qui sont émoussés, tronqué à la base en ligne arquée; d'un quart environ plus large vers les trois cinquièmes qu'à la base; muni sur les côtés d'un rebord peu saillant interrompu dans son milieu; fortement convexe, reticuleusement pontué.

Écusson en triangle équilatéral; ponctué.

Élytres à peine plus larges en devant que le prothorax à sa base; faiblement allongées jusqu'aux deux cinquièmes et rétrécies ensuite jusqu'à l'angle sutural; une fois plus longues que larges; à rebord marginal entièrement visible; convexes; à neuf stries peu prononcées, entièrement effacées postérieurement.

Intervalles presque plans, distinctement ponctués.

Dessous du corps d'un bronzé brillant, finement ridé sur les côtés de l'antépectus; ponctué sur les médi et postpectus et sur l'abdomen.

Prosternum ponctué, très-étroitement rebordé entre les hanches, relevé en pointe à son extrémité.

Pieds assez allongés, pointillés.

Cuisses et *Jambes* de la couleur du corps.

Tarses d'un fauve testacé, garnis en dessous de poils flavescents.

Patrie: L'Algérie, environs de Biskra.

Cette espèce se distingue sans peine des autres, par sa villosité, et par la ponctuation du prothorax et celle des élytres.

DESCRIPTION

DE

TROIS NOUVELLES ESPÈCES DE BYRRHIDES

PAR E. MULSANT ET REY

Présentée à la Société Linnéenne de Lyon, le 13 janvier 1868.

Syncalypta Reichei; MULSANT ET REY.

Ovale; convexe; noire. Prothorax paraissant en ligne droite à la base, quand il est examiné perpendiculairement en dessus; finement ponctué; garni sur les côtés de poils ou squammules pulviformes cendrées. Écusson en triangle plus long que large. Élytres garnies de squammules pulviformes, qui leur donnent une teinte grisâtre; hérissées de soies courtes, renflées vers l'extrémité, d'un blond livide; garnies d'une strie justa-suturale ponctuée plus profonde postérieurement, et de neuf rangées striales de points ronds, profonds, séparés par un espace presque égal à leur diamètre.

Long. 0^m,0022 (1 l.) — Larg. 0^m,0015 (2/3 l.)

Corps ovale, offrant vers la moitié de la longueur des élytres sa plus grande largeur, plus rétréci en arrière qu'en avant; noir en dessus.

Tête densement et finement ponctuée; garnie de poils cendrés, courts et pulviformes; hérissée de quelques soies subclavées d'un blond pâle.

Prothorax élargi d'avant en arrière, légèrement en arc rentrant et à peine relevé en rebord sur les côtés; sans rebord à la base et paraissant coupé en ligne à peu près droite, quand il est examiné perpendiculairement en dessus, ou en arc dirigé en arrière, quand on le regarde d'avant en arrière; convexe; marqué sur la moitié antérieure de ses côtés d'une dépression transverse, dirigée vers les angles antérieurs ; noir ; marqué de petits points ronds rapprochés, mais non contigus ; garni sur les côtés de poils cendrés, courts, pulviformes.

Écusson en triangle plus long que large; noir : presque glabre.

Élytres subparallèles ou plutôt en ligne légèrement arquée en dehors jusqu'à moitié de leur longueur, rétrécies ensuite d'une manière sinuée, obtuses à l'extrémité ; près de quatre fois aussi longues que le prothorax sur son milieu ; convexes sur le dos, convexement inclinées sur les côtés ; marquées d'une strie ponctuée, juxta-suturale, et de neuf rangées striales de points ronds, profonds, séparés par un espace aplani presque égal à leur diamètre ; la strie juxta-suturale plus profonde près de l'angle sutural, et formant avec l'extrémité sulciforme de la 5e rangée striale, une dépression en angle aigu : cette dépression extérieurement bordée d'une carène obtuse : la première rangée ou la voisine de la strie juxta-marginale, dépassant à peine les quatre septièmes de leur longueur : les 2e, 3e et 4e graduellement plus longues : les 7e à 10e terminées postérieurement vers la carène obtuse : les deux externes pas plus prononcées que les précédentes ; noires. Intervalles ponctués et garnis de poils ou squammules pulviformes cendrés, qui leur donnent une teinte grisâtre ; hérissés de soies, renflées vers l'extrémité, courtes, d'un blond livide, peu ou médiocrement apparentes, si ce n'est sur les côtés.

Dessous du corps et *pieds*, noirs : ceux-ci extérieurement ciliés de soies d'un blond livide.

Patrie: la Carinthie.

De la collection de M. Reiche, à qui nous l'avons dédiée. Cette espèce se distingue aisément de toutes les autres par les points ronds et profonds, des rangées striales de ses élytres; par les poils ou squammules pulviformes et peu apparents qui couvent les intervalles de celles-ci ; par son écusson en triangle, plus long que large, etc.

Byrrhus aurovittatus, Reiche.

Ovale ou ovale oblong. Prothorax sans rebord et non renflé à ses angles postérieurs; brun; garni d'un duvet cendré flave, presque mi-doré. Élytres non émousées et à peine relevées à l'angle huméral; de moitié environ plus longues que larges, réunies; brunes, souvent d'un rouge testacé sur les côtés; à onze stries sur chacune. Intervalle juxta-sutural postérieurement relevé en carène: les autres plans: les impairs garnis d'un duvet cendré flavescent: les 2e, 4e, 6e et 8e revêtus d'un duvet jaune flave presque doré. Repli moins large que le postepisternum à sa base. Ailes nulles. 3e article des tarses sans sole membraneuse, en dessous.

♂ ?

♀ Ongles des pieds antérieurs régulièrement arqués.

Larg. 0m,0100 (4 l. 1/2) — Long. 0m,0048 (2 l. 1/8).

Corps ovale ou ovale oblong; convexe; pubescent, en dessus.

Tête assez finement ponctuée; garnie d'un duvet cendré flavescent; marquée d'une ligne transverse sur le milieu du front, au niveau du bord postérieur des yeux.

Labre poilu et fortement ponctué.

Antennes un peu moins longuement prolongées que les angles postérieurs du prothorax; d'un rouge brunâtre; comprimées et grossissant graduellement à partir du 4e article: les 7e à 10e cupiformes, subpétiolés.

Prothorax paraissant obtusément et médiocrement arqué en devant, quand il est vu perpendiculairement en dessus; muni d'un léger rebord en devant; sans rebord et non renflé aux angles postérieurs; bissinué à la base; deux fois aussi large à cette dernière que long sur sa ligne médiane; plus convexe en avant qu'en arrière; assez finement ponctué; noir ou brun: garni d'un duvet médiocrement serré, d'un cendré flave mi-doré.

Écusson en triangle, à côtés curvilignes; aussi large à la base que long sur son milieu; noir ou brun; revêtu d'un duvet d'un flave orangé mi-doré.

Élytres aussi larges en devant que le prothorax à sa base; trois fois aussi longues que lui; non émoussées et à peine relevées à l'angle huméral; faiblement élargies jusqu'aux trois septièmes de leur longueur, rétrécies ensuite en ligne courbe jusqu'à l'angle sutural; convexes; près de moitié plus longues que larges réunies; brunes et passant souvent au rouge brun ou brunâtre sur les côtés; à peine ponctuées ou pointillées; rayées chacune de 11 stries peu distinctement ponctuées ou imponctuées; les 2e, 3e et 4e plus courtes: chacune des juxta-suturales postérieurement plus profondes et séparées de la suture par un intervalle formant avec son pareil une sorte de carène : les autres intervalles plans: les impairs garnis d'un duvet cendré flavescent, moins épais sur les intervalles voisins du bord : les 2e, 4e, 6e et 8e revêtus d'un duvet jaune flave presque doré.

Repli d'un rouge testacé ; moins large que le postepisternum au niveau de la base de celui-ci. *Ailes* nulles.

Dessous du corps brièvement pubescent ; brun sur la poitrine, d'un rouge brun ou brunâtre sur le ventre. *Prosternum* à peu près aussi large à la base des dilatations latérales que long, depuis ce point jusqu'à son extrémité. *Antepectus* tronqué et sans rebord, en devant. *Postepisternum* rétreci d'avant en arrière; de moitié aussi large à l'extrémité qu'à sa base.

Pieds, cuisses et tibias bruns et d'un rouge brun. *Tibias* peu arqués sur leur bord externe. *Tarses* d'un rouge testacé, garnies d'un duvet d'un blond livide en dessous; à 3e article sans sole membraneuse en dessous.

Patrie: le Piémont. (coll. Reiche).

Byrrhus nigrosparsus ; CHEVROLAT.

Ovale; noir. Prothorax revêtu d'un duvet gris, court; orné d'une bande longitudinale médiane et de deux autres racourcies en devant, brunes, et de quatre bandes d'un duvet cendré, mi-doré. Élytres d'un septième plus longues que larges; marquées chacune d'une strie justa-suturale légère, et, à partir du bord marginal, de huit autres : l'externe ordinairement nulle sur la moitié antérieure : les 2e, 3e et 4e à peu près droites jusqu'aux deux tiers : les suivantes sinueuses, interrompues ou constituant quelques aréoles : les 3e, 5e, 7e, 9e intervalles à partir du bord externe, et le sutural, marqués de taches veloutées noires : celles des 5e, 7e et 9e, entrecoupées de taches cendrées : le 8e intervalle offrant une tache basiliaire liée à chaque bande raccourcie du prothorax. 3e article des tarses muni d'une sole membraneuse.

Long. 0m,0090 à 0m,0095 (4 à 4 l. 1/4)— Larg. 0,0067 (3 l.).

Corps ovale ; convexe.

Tête noire ; finement ponctuée ; garnie d'un duvet grisâtre mi-doré.

Antennes, moins longuement prolongées que les angles postérieurs du prothorax ; noires ou brunes ; grossissant à partir du 4e article : le 3e grêle, aussi long que les deux suivants réunis : le 4e faiblement élargi d'arrière en avant : les suivants comprimés : le 5e obtriangulaire : les 6e à 10e cupiformes, subpedonculés : le 11e plus long que large, subarrondi à son extrémité.

Prothorax paraissant faiblement arqué en devant, quand l'insecte est vu perpendiculairement en dessus ; élargi d'avant en arrière, échancré et muni d'un rebord très-étroit, non prolongé jusqu'aux angles postérieurs, sur les côtés : bissinué à la base, au moins une fois plus large à celle-ci, que long sur sa ligne médiane ; plus convexe en avant qu'en arrière ; noir ; finement ponctué ; revêtu d'un duvet gris brun très-court ; paré de bandes brunes : l'une, sur la ligne médiane : chacune des autres raccourcie sur sa moitié antérieure, liée à la base, vers les trois septièmes de l'espace compris entre la ligne médiane et chaque angle posterieur ; orné de quatre bandes longitudinales, de duvet cendré mi-doré : une de chaque côté de la ligne médiane : chacune des autres, au côté interne de la bande brune raccourcie.

Écusson, à peine aussi long à la base que long sur la ligne médiane ; parallèle sur la moitié antérieure de ses côtés ; revêtu d'un duvet noir très-velouté.

Élytres, au moins aussi larges ou faiblement plus larges à la base que le prothorax, à ses angles postérieurs ; trois fois au moins aussi longues que lui ; d'un septième environ moins larges dans leur diamètre transversal le plus grand que longues sur leur milieu ; très-convexes ; légèrement relevées à l'angle huméral ; faiblement déprimées chacune au devant de l'angle sutural, et un peu relevées en carène à cet angle ; marquées chacune d'une strie juxta-suturale et, à partir du bord marginal, de 7 ou 8 autres : l'externe ordinairement nulle dans sa moitié antérieure : la 2e séparée de la 3e par un intervalle plan, d'un quart environ plus large que le suivant : les 2e, 3e et 4e à peu près droites jusques au delà de la moitié : les 5e à 8e sinueuses, interrompues ou constituant quelques aréoles sur les deux tiers antérieurs : les 9e et 10e nulles ou peu distinctes ; noires, revêtues d'un duvet gris et court ; parées sur l'intervalle juxta-sutural d'un duvet noir ou brun velouté offrant chacune à partir du bord externe, diverses taches d'un noir ou brun velouté, savoir : 1° une vers les deux tiers du 3e intervalle ; 2° trois sur le 5e : les deux antérieures séparées par une tache cendrée : la 3e vers les trois cinquièmes ; 3° une tache ou courte ligne basilaire sur le 8e intervalle : cette tache se liant à la bande raccourcie du prothorax ; 4° ordinairement cinq, sur les deux tiers antérieurs de chacun des 7e et 9e intervalles : ces taches en partie séparées par des taches cendrées : celles du 7e intervalle en parties unies.

Repli sensiblement plus large que le postépisternum, au niveau de la base de celui-ci ; souvent d'un rouge brunâtre ou testacé sur sa partie antérieure. *Ailes* nulles.

Dessous du corps noir ou d'un noir brun, très-brièvement pubescent. *Prosternum* plus large à la base de sa dilatation latérale, que long depuis ce point jusqu'à son extrémité. *Postpectus* tronqué et relevé en rebord, en devant. *Postépisternum* des deux cinquièmes ou près de moitié aussi large, à l'extrémité qu'à la base.

Pieds, cuisses et *tibias* noirs ou d'un noir brun. *Tarses* d'un rouge brunâtre ; à 3e article, muni en dessous d'une sole membraneuse.

Patrie : l'Espagne.

DESCRIPTION

DE

DEUX ESPÈCES NOUVELLES D'ALPHITOBIUS

(Coléoptères de la tribu des LATIGENES, famille des *Ulomiens.*)

par E. MULSANT et GODART

Présentée à la Société linnéenne de Lyon le 11 novembre 1867.

Alphitobius granivorus.

Oblong ou suboblong; médiocrement convexe; entièrement d'un roux testacé. Yeux presque entièrement coupés. Dernier article des palpes maxillaires une fois plus long que large. Prothorax arqué sur les côtés, offrant vers la moitié ou un peu plus sa plus grande largeur, aussi large à la base que les élytres; bissinué et moins faiblement rebordé dans le milieu de la base; presque uniformément marqué de points ronds. Élytres à stries à peine plus fortement ponctuées que les intervalles, ceux-ci finement ponctués : les trois ou quatre internes presque plans, rendant les stries moins distinctes; les externes faiblement convexes. Prosternum convexe, à peine rebordé sur les côtés.

Corps oblong; médiocrement convexe; entièrement d'un rouge de cuir ou d'un roux testacé; luisant de dessus.

Tête marquée de points un peu moins petits sur le front que sur l'épistome; marquée sur la suture frontale d'un sillon transversal ou par un arc dirigé en arrière.

Épistome tronqué ou à peine échancré en arc au devant.

Yeux noirs, presque entièrement coupés par les joues.

Antennes prolongées jusqu'à la moitié ou aux trois cinquièmes des côtés du prothorax ; d'un rouge de cuir ; grossissant à partir du 4e article ; dentées au côté interne à partir du 6e : les 4e à 10e plus larges que longs.

Prothorax échancré en arc, en devant, avec la partie médiane de cette échancrure transverse; arqué sur les côtés, et offrant vers la moitié ou un peu plus de ceux-ci sa plus grande largeur ; rebordé latéralement ; aussi large à la base que celle des élytres ; plus large aux angles postérieurs qu'aux antérieurs; bissinué à la base, avec la partie médiane un peu plus prolongée en arrière que les angles latéraux ; muni d'un rebord basilaire moins faible dans le milieu que sur les côtés ; déprimé ou marqué d'une fossette au-devant de chaque sinuosité, près d'une fois plus large à son bord postérieur que long sur son milieu ; plus convexe que les élytres ; presque uniformément marqué de points plus gros que ceux de la tête, et séparés par des espaces lisses.

Écusson plus large que long ; en ogive ou presque en demi-cercle ; finement ponctué.

Élytres subparallèles jusqu'aux deux tiers, en ogive postérieurement; très-médiocrement convexes ; à neuf stries marqués de points à peine plus gros que ceux des intervalles, ceux-ci finement ponctués ; les trois ou quatre plus internes presque plans et rendant, par là, les stries plus faibles ou moins distinctes : les autres, médiocrement convexes. *Repli* prolongé jusqu'à l'angle sutural.

Dessous du corps d'un roux testacé, d'un roux presque orangé ou d'un roux de cuir ; granuleux sur les côtés de l'antépectus, ponctué sur le reste. *Prosternum* convexe ; à peine muni d'un léger rebord sur les côtés.

Pieds de la couleur du dessous du corps : jambes antérieures et intermédiaires faiblement arquées et faiblement denticulées sur leur arête externe : les postériers droits et inermes. *Premier article des tarses postérieurs* aussi long que les deux suivants réunis ; un peu moins grand que le dernier.

Cette espèce a été prise à Marseille.

Alphitobius viator.

Oblong; très-médiocrement convexe; entièrement d'un rouge brunâtre. Yeux coupés aux deux tiers. Dernier article des palpes maxillaires de moitié plus long que large. Prothorax offrant vers les trois cinquièmes sa plus grande largeur, un peu moins large à la base que les élytres; bissinué et un peu moins faiblement rebordé à la base que sur les côtés; presque uniformément marqué de points ronds. Élytres à stries prononcées et marquées de points assez gros. Intervalles convexes, pointillés. Prosternum aplani à partir de la moitié des hanches.

Long. $0^m,0067$ (3 l.) — Larg. $0^m,0022$ à $0^m,0026$ (1 à 1/8 l.).

Corps oblong; très-médiocrement convexe; entièrement d'un rouge brunâtre; presque mat sur le prothorax, peu luisant sur les élytres.

Tête uniformément marquée de points un peu plus petits que ceux du prothorax; marquée sur la suture frontale d'un sillon transversal arqué en arrière. *Épistome* tronqué ou à peine échancré en arc, en devant. *Palpes maxillaires* à dernier article élargi d'arrière en avant, obliquement tronqué à l'extrémité; de moitié plus long que large.

Yeux noirs; coupés jusqu'aux deux tiers par les joues.

Antennes prolongées jusqu'aux trois quarts des côtés du prothorax; grossissant à partir du 4e article; dentées au côté interne à partir du 5e: les 4e à 10e plus larges que longs.

Prothorax échancré en arc assez régulier, en devant; arqué sur côtés, mais plus faiblement sur le tiers postérieur de ceux-ci; offrant vers les deux tiers sa plus grande largeur, parfois légèrement sinué près des angles postérieurs; un peu moins large à sa base que celle des élytres; un peu plus large aux angles postérieurs qu'aux antérieurs; bissinué à la base, avec la partie médiane de celle-ci sensiblement plus prolongée en arrière que les angles postérieurs; orné d'un rebord basilaire moins faible dans le milieu que sur les côtés; souvent à peine déprimé au devant de chaque sinuosité basilaire: de deux tiers plus large à la base que long sur son milieu; plus sensiblement convexe sur son milieu que les élytres, et moins convexement déclive qu'elles sur les côtés; presque uniformément marqué de points un peu plus gros que ceux de la tête.

Écusson en triangle, un peu plus long que large ; étroitement rebordé sur les côtés; finement ponctué.

Élytres parallèles jusqu'aux deux tiers, en ogive postérieurement; peu convexes sur de dos, subconvexement déclives sur les côtés; à neuf stries, très-prononcées et marquées de points transverses rapprochés; les 4e et 5e ordinairement les plus courts. *Intervalles* convexes; pointillés. *Repli* prolongé jusqu'à l'angle sutural.

Dessous du corps d'un rouge brunâtre : ventre parfois plus obscur. *Prosternum* aplani à partir de la moitié des hanches. *Côtés de l'antépectus*, un peu granuleux. *Ventre* plus finement ponctué.

Pieds de la couleur de la poitrine. *Jambes antérieures* faiblement arquées et à peine denticulées, sur leur arête externe. *Jambes intermédiaires* et postérieurs droits.

Tarses postérieurs à 1er article plus long que les deux suivants réunis, au moins aussi grand que le dernier.

Cette espèce a été trouvée comme la prédédente, à Marseille, où elle a été sans doute importée avec les blés étrangers.

L'*A. viator* se distingue de l'*A. granivorus* par sa couleur moins claire; par son corps un peu plus allongé, plus parallèle; par ses yeux beaucoup moins coupés par les joues; par son prothorax échancré en arc régulier en devant, plus faiblement arqué dans sa seconde moitié; débordé à la base, par les élytres, de la largeur d'un intervalle de celles-ci; offrant la partie médiane de sa base plus prolongée en arrière; par ses élytres à stries plus profondes et marquées de lignes et de points transverses, rapprochés, visiblement plus gros que ceux des intervalles; par ces derniers plus convexes; par son prosternum aplani postérieurement, à partir de la moitié des hanches.

DESCRIPTION

D'UNE

ESPÈCE NOUVELLE D'HÉMIPTÈRE HÉTÉROPTÈRE

CONSTITUANT UN NOUVEAU GENRE

Dans la Famille des REDUVIENS

Par E. MULSANT et VALÉRY MAYET.

(Présentée à la Société linnéenne le 9 mars 1868)

Genre *Oreada*, Oréade ; Mulsant et Mayet

Caractères : *Bec* incourbé, ne dépassant pas le bord antérieur des hanches de devant; de trois articles : le 2e, près d'une fois plus long que le 1er.

Tête presque en losange ; au moins aussi longue depuis les yeux jusqu'à la base du bec, que depuis les yeux jusqu'au bord antérieur du prothorax ; graduellement rétrécie depuis les yeux jusqu'au cou ; celui-ci, de moitié aussi long que la partie postérieure de la tête.

Yeux situés sur les côtés de la tête, vers la moitié de la longueur de celle-ci, échancrés à leur partie postérieure.

Antennes insérées au-devant des yeux : de quatre articles : le 2e, près d'une fois plus grand que le 1er : les 3e et 4e plus grêles, à peine plus longs, pris ensemble, que le 2e.

Prothorax muni en devant d'un bourrelet séparé de la partie suivante par un profond sillon, échancré en arc à son bord antérieur et avancé en pointe obtuse à ses angles de devant ; presque carré après le bourrelet, c'est-à-dire aussi long que large, étranglé sur les côtés après la moitié de sa longueur, élargi ensuite jusqu'aux angles postérieurs qui sont aigus; tronqué en ligne à peu près droite à la base; plus grand que les meso et méthatorax réunis; creusé longitudinalement d'un sillon médiaire profond.

Écusson triangulaire, non détaché des parties latérales.

Élytres et *ailes* nulles.

Abdomen ovale-oblong, rétréci postérieurement; relevé sur les côtés; de neuf segments: le 1er court: les 2e à 7e presque égaux: les 8e à 9e à peine plus longs pris ensemble que le 7e.

Prosternum obtriangulaire; creusé d'un sillon longitudinal.

Mésosternum chargé sur sa ligne médiane d'une carène sensible.

Hanches médiocrement allongées: les antérieures, faiblement séparées par le prosternum: les intermédiaires un peu plus par le mésosternum: les postérieures très-largement par le métasternum.

Pieds allongés. *Tarses* de trois articles: le dernier terminé par deux ongles.

Oreada luctuosa; Mulsant et Mayet.

Noire; glabre: une tache au côté interne de chaque œil, deux taches contiguës à la base du cou, et rebord des sept premiers arceaux du dessus de l'abdomen, d'un jaune testacé. Pieds hérissés de poils courts.

Long. 0m,0225 (10 l.). — Larg. du thorax 0m,0033 à 0m,0036 (1 l. 1/2 à 1 l. 2/3). — Largeur du ventre dans son diamètre transversal le plus grand 0m,0100 (4 l. 1/2).

Corps oblong; noir ou d'un noir brunâtre.

Tête creusée d'un sillon transversal sur la suture frontale; creusée d'un autre sillon transversal sur le front, vers la moitié de la longueur des yeux; séparée du cou par un sillon transversal; noire; parée après le sillon frontal, d'une bande d'un jaune testacé, interrompue dans son milieu, constituant une tache transverse au côté interne de chaque œil.

Cou marqué à sa base de taches d'un jaune testacé, contiguës à la ligne médiane.

Yeux arrondis en devant, échancrés postérieurement.

Antennes à peine plus longuement prolongées que le bord postérieur du thorax; noires; hérissées de longs poils

Bec noir.

Prothorax noir; glabre; muni en devant d'un bourrelet très-prononcé; creusé longitudinalement, sur le reste, d'un sillon profond; étranglé, sur les côtés, vers les trois cinquièmes de sa longueur; marqué vers cet étranglement, d'un sillon transverse limité par le bord du sillon longitudinal; marqué, de chaque côté, sur sa partie antérieure, de deux lignes enfoncées, convergeant vers le sillon du milieu, et naissant: l'externe, des angles antérieurs qui sont arrondis: l'interne, du bord antérieur de la base.

Meso et *métathorax* noirs; glabres; presque parallèles sur les côtés. un peu étranglé vers le point de leur union.

Écusson obtriangulaire, marqué, de chaque côté de la ligne médiane, de stries obliques.

Abdomen ovale-oblong, rétréci postérieurement; offrant, presque vers la moitié de sa longueur, son diamètre transversal le plus grand, deux fois et demie aussi large dans ce point que le prothorax; relevé sur les côtés; glabre; noir ou d'un noir brun, avec le bord postérieur du rebord des sept premiers arceaux d'un jaune testacé.

Dessous du corps noir, glabre.

Pieds noirs, assez grêles; garnis de poils bruns assez courts ou peu allongés. *Tarses* de trois articles: le 1er plus court.

Cette espèce remarquable se trouve dans les Pyrénées.

Obs. Nous n'en avons vu qu'un exemplaire, privé d'ailes et d'élytres, mais qui néanmoins semblait être à son état parfait.

DESCRIPTION

D'UNE ESPÈCE NOUVELLE D'ANISOTOMA

Par E. MULSANT et VALÉRY MAYET

PRÉSENTÉ A LA SOCIÉTÉ LINNÉENNE DE LYON, LE 9 MARS 1868

Anisotoma Scutellaris; MULSANT et MAYET.

Ovalaire, convexe. Tête et prothorax d'un ferrugineux testacé; le second, brillant, finement ponctué, en ligne à peu près droite à la base; marqué, au-devant de celle-ci, d'une rangée de points très-marqués près des angles, nuls ou presque nuls sur le milieu; à angles postérieurs obtus. Écusson brun ou obscur. Élytres d'un roux testacé, avec l'intervalle juxta-sutural obscur; à rangées striales de points, paraissant à certain jour former des stries: la juxta-suturale subsulciforme sur sa seconde moitié. Intervalles plans, peu distinctement pointillés. Antennes et pieds testacés.

Long. $0^m,0022$ (1 l.). — Larg. $0^m,0013$ (3/5 l.).

Corps ovalaire, de deux cinquièmes plus long que large; convexe.

Tête d'un ferrugineux testacé; superficiellement ponctuée.

Yeux bruns ou brunâtres.

Antennes prolongées presque jusqu'à l'extrémité des angles postérieurs du prothorax; testacées ou d'un roux ou ferrugineux testacé; à 3e article un peu plus grand que le 2e; à massue à peu près aussi longue que tous les articles précédents.

Prothorax arqué et muni d'un rebord étroit sur les côtés; obtus aux angles postérieurs; aussi large à ces derniers que les élytres à leur partie antérieure ; en ligne à peu près droite à la base ; près d'une fois plus large à celle-ci que long sur son milieu ; notablement plus étroit en devant qu'en arrière ; convexe ; d'un ferrugineux testacé brillant ; garni de poils fins et presque superficiels ; noté, en devant de la base, d'une rangée transversale de points, très-marqués et obscurs près des angles postérieurs, nuls ou à peine apparents sur le milieu.

Écusson en triangle un peu plus long que large ; brun ou d'un brun ferrugineux ; finement pointillé.

Élytres une fois au moins plus longues que le prothorax ; subparallèles ou à peine élargies jusqu'à la moitié de leur longueur, rétrécies ensuite en ligne courbe jusqu'à l'angle sutural, en ogive assez large à l'extrémité ; convexes ; médiocrement luisantes ; d'un roux testacé, avec l'intervalle juxta-sutural brun ou brunâtre ; marquées de rangées striales de points paraissant, à certain jour, constituer des stries ; la rangée juxta-suturale sulciforme et moins distinctement ponctuée dans sa seconde moitié.

Intervalles plans, superficiellement et parfois peu distinctement pointillés.

Dessous du corps testacé ou d'un testacé ferrugineux.

Pieds testacés.

Patrie : Les environs de Cette (Hérault).

DESCRIPTION

DES

MÉTAMORPHOSES DE L'ANOMALA VITIS

PAR

E. MULSANT ET VALERY MAYET

(Présentée à la Société linnéenne le 11 juillet 1866.)

Les espèces de Lamellicornes comprises dans le genre *Anomala*, présentent dans leur transformation un fait curieux, qui n'a pas encore été signalé. La larve, au lieu de faire glisser vers la partie postérieure de son corps la peau qui s'en détache, au moment où elle passe à son second état, reste dans cette peau flétrie, qui sert alors de cercueil à la nymphe.

L'*Anomala Vitis* dépose dans le mois de juillet ses œufs dans le sable des dunes, ou dans des lieux analogues. Quelques jours après naît la larve, dont voici la description :

Larve allongée, semi-cylindrique, courbée en arc en état de repos.

Tête plus étroite que le reste du corps, convexe; d'un roux jaune, peu luisant; glabre; légèrement ruguleuse; offrant les traces de deux lignes enfoncées naissant du milieu du bord postérieur et divergentes en devant; chargée, vers la base, entre les deux lignes précédentes, d'un trait médian lisse et légèrement saillant; creusée d'une faible fossette au-devant de celui-ci.

Épistome transverse, rectangulaire; d'un roux jaune; subruguleux; marqué d'un point noir ou obscur à chacun de ses angles postérieurs.

Labre d'un jaune roux; plus large que long; en ligne droite à son bord postérieur; arqué sur les côtés, en ogive ou presque en demi-cercle, en devant; ruguleux; glabre vers sa base, cilié en devant.

Mandibules assez allongées; médiocrement arquées; creusées d'un sillon prolongé depuis la base jusqu'aux deux tiers et sensiblement, carénées de chaque côté de ce sillon; subcornées et d'un flave roussâtre à la base, cornées et noires à l'extrémité; tronquées et entières à celle-ci; munies d'une molaire basilaire au côté interne.

Mâchoires d'un flave roussâtre; à un seul lobe presque de même grosseur ou un peu conique; garni sur la moitié antérieure de son côté interne de petites dents noires, mêlées à quelques cils spinosules, muni seulement de cils raides ou flexibles sur la moitié postérieure de son côté interne.

Palpes maxillaires d'un flave roussâtre; filiformes; aussi longuement prolongés que le lobe maxillaire; arqués sur celui-ci; de quatre articles: les 1er et 3e un peu plus grands que les 2e et 4e.

Menton transverse.

Lèvre épaisse, au moins aussi longue que large, portant deux *palpes labiaux*, composés chacun de deux articles.

Antennes insérées vers l'angle postéro-externe des mandibules; avancées au moins jusqu'à la partie antérieure de celles-ci; d'un flave roux; de cinq articles: le 1er tuberculiforme, court: le 2e cylindrique, égal aux deux cinquièmes du suivant: le 3e, cylindrique, un peu plus long que les deux derniers réunis: les 4e et 5e presque égaux en longueur: le 4e un peu avancé en dessous en forme de sole: le 5e obtriangulaire, obliquement coupé à son extrémité, à côté externe le plus long.

Corps composé de treize anneaux; semi-cylindrique, convexe en dessus, presque plan en dessous; presque d'égale grosseur, légèrement plus large sur les 11e et 12e anneaux, arrondi à l'extrémité; d'un livide flavescent, sur les dix premiers segments, ardoisé sur les suivants; chargé sur les dix premiers de plis transverses sur le dos et d'un bourrelet assez faible sur les côtés: les trois premiers ou thoraciques, presque égaux, à peine aussi longs, pris ensemble, que le 13e, garnis en dessus de poils doux et courts; les suivants presque égaux: les 5e à 9e garnis sur le dos de poils courts et spinosules: le 10e presque glabre: les 11e et 12e glabres, graduellement plus grands: le 13e au moins aussi long que les 11e et 12e réunis, garni en dessus de poils doux et soyeux près de la base, spinosules et dirigés en arrière près de l'extrémité et sur la seconde moitié de la partie inférieure : ces poils contribuant à la progression de la larve.

Anus transverse.

Dessous du corps presque plan ; d'un livide flavescent et garni de poils doux sur les neuf ou dix arceaux antérieurs, ardoisé sur les derniers arceaux.

Pieds au nombre de trois paires, situées sous chacun des trois premiers arceaux ; d'un livide flave ou roussâtre, composés : 1° d'une hanche très-courte ; 2° d'une cuisse cylindrique, au moins aussi longue que les pièces suivantes ; 3° d'une jambe composée de deux pièces : la 1re en forme de trochanter, plus avancée en dessous qu'en dessus ; la 2e arquée en dessous ; 4° un tarse également arqué en dessous, terminé par un ongle : ces pieds garnis de poils blonds, assez longs, plus nombreux et moins doux ou moins flexibles sur la jambe et sur le tarse.

Stigmates orbiculaires ; d'un flave roux, marqués d'un point obscur dans leur milieu ; situés sur le bourrelet latéral, sur la même ligne longitudinale : le 1er près du bord postérieur du premier arceau ; les 2e à 9e sur les côtés de chacun des 4e à 11e arceaux.

Cette larve vit dans les dunes, à 15 ou 20 centimètres de profondeur, aux pieds des plantes ; mais on peut l'élever avec de l'avoine dont les racines lui servent de nourriture.

Vers le milieu de mars, elle se creuse dans le sable un tombeau dont elle durcit les parois, et bientôt après elle se ransforme en nymphe.

En passant à ce second état, la larve, comme nous l'avons dit, ne fait pas, suivant l'usage, glisser vers l'extrémité de son corps, la peau qui se détache de ce dernier, mais elle se transforme dans cette peau, dans laquelle la nymphe repose comme dans un cercueil.

Cette particularité curieuse paraît être commune à toutes les espèces de ce genre ; car la même chose a lieu chez l'*A. oblonga*.

Voici la description de la nymphe :

NYMPHE. *Corps* arqué. *Tête* inclinée, laissant apparaître les diverses parties de la bouche de l'insecte futur. *Yeux* noirs, réniformes.

Antennes inclinées sur les côtés de la poitrine, en partie voilées par les pattes antérieures. *Élytres* et *ailes* divergentes, embrassant par leurs extrémités les côtés de la poitrine. *Pieds* convergeant vers la partie médiane du dessous du corps : les quatre antérieurs ne dépassant pas le bord postérieur de la poitrine : les derniers, prolongés presque jusqu'à l'extrémité du corps. *Abdomen* composé de neuf segments, plus distincts en dessus qu'en dessous : les six premiers, courts : les trois derniers plus grands : le dernier, arrondi postérieurement, garni de poils fins, et formant en dessous une sorte de bourrelet.

Cette nymphe se transforme en insecte parfait vers la mi-juin.

Lith. Fugère frères, à Lyon.

BIBLIOTH. NATIONALE R.F.

LE Dr JULES SICHEL

OCULISTE ET ENTOMOLOGISTE,

Né à Francfort sur Mein en 1802

Mort à Paris le 11 9bre 1868

NOTICE

SUR LE DOCTEUR

JULES SICHEL

PAR

E. MULSANT

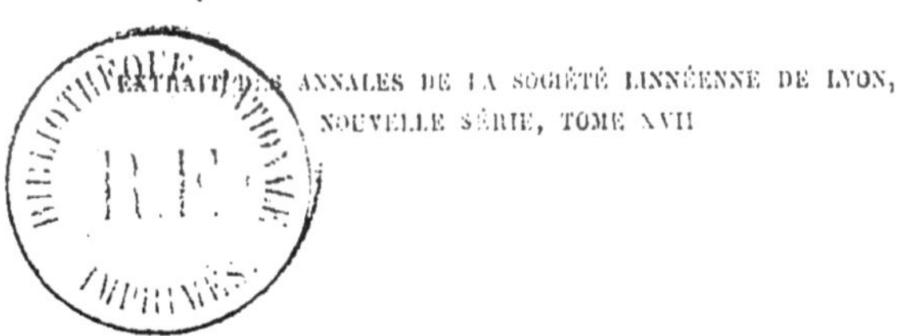

BIBLIOTHÈQUE NATIONALE R.F. IMPRIMÉS

EXTRAIT DES ANNALES DE LA SOCIÉTÉ LINNÉENNE DE LYON,
NOUVELLE SÉRIE, TOME XVII

LYON
ASSOCIATION TYPOGRAPHIQUE
REGARD, RUE DE LA BARRE, 12

1869

NOTICE

SUR

LE Dʀ JULES SICHEL

Par E. MULSANT

Lue à la Société linnéenne de Lyon, le 8 mars 1869.

Les derniers mois qui viennent de s'écouler ont vu s'éteindre un certain nombre de nobles intelligences ; mais parmi les hommes plus ou moins remarquables dont nous avons à déplorer la perte, aucun peut-être ne laisse des regrets aussi vifs et aussi mérités, que celui dont je vais essayer d'esquisser la vie.

Sichel (Jules) naquit à Francfort-sur-Mein, en 1802, d'une famille israélite.

Doué de bonne heure de l'amour du travail, et de ce désir de s'instruire, qui est une des plus nobles passions de notre âme, il fit, dans son adolescence, de fortes études, auxquelles il a dû une partie du bonheur de sa vie.

Au sortir du collége de sa ville natale, à peine âgé de dix-sept ans, il entrait à l'université de Wurtzbourg, en 1819, pour y suivre les cours de médecine, science vers laquelle le portaient ses goûts.

En 1821, il se rendit à Berlin, pour y continuer ses études, et le 23 février 1823, il y reçut le diplôme de docteur en médecine. Le professeur Schoenlein, frappé de ses précoces talents, en fit son chef de clinique. Il resta près de quatre ans auprès de ce savant maître.

Avant de quitter la capitale de la Prusse, il y reçut le baptême, dans l'une des églises réformées de la ville.

Dans la plupart des facultés de médecine, la partie de cet art qui se rattache aux maladies de notre organe de la vue, avait jusqu'alors été assez généralement négligée. L'école de Vienne faisait peut-être seule exception à cet égard. Sichel, dont la vocation se tournait vers cette science peu avancée, se rendit, en 1827, dans la capitale de l'Autriche, et y remplit, pendant deux ans, les fonctions de chef de clinique du professeur F. Jaeger.

Après s'être ainsi fortifié dans les connaissances auxquelles il devait être plus tard redevable de sa gloire, ses désirs le portèrent à chercher un théâtre plus vaste, pour y faire briller son savoir et ses talents.

Paris ne comptait pas encore ou comptait peu d'hommes faisant de l'ophthalmologie leur étude spéciale. Il traversa le Tyrol le bâton à la main et le cœur plein d'espérances, et il arriva dans notre capitale en 1829. Il y trouva aussitôt l'accueil qu'il méritait. Le docteur Bérard, chargé de l'hôpital Saint-Antoine, lui donna, dans cet hospice, un service particulier, et les leçons qu'il y fit, imprimèrent à l'oculistique une impulsion peut-être inconnue jusqu'alors.

Sichel voyait sa parole lui attirer chaque jour un plus grand nombre d'auditeurs, quand le choléra asiatique, délaissant les lieux lointains où il avait pris naissance, et franchissant les distances avec les pas d'un géant, vint, en 1832, moissonner la population parisienne et couvrir la ville de deuil. Notre ami dont le dévouement était une des qualités les plus éminentes, délaissa de suite sa spécialité, pour consacrer tous ses soins aux personnes atteintes par le fléau. La reconnaissance et la justice ne furent ni oublieuses ni ingrates envers lui ; il reçut deux médailles destinées à constater le zèle qu'il avait déployé et les services qu'il avait rendus.

Mais, sans parler des occasions nombreuses fournies par sa profession, et dans lesquelles son cœur et ses talents étaient toujours au service des autres, combien d'actes d'abnégation, de courage et de dévouement n'aurions-nous pas à citer dans cette vie si utile ?

Au moment des luttes fratricides qui ensanglantèrent Paris avant 1852, un jeune savant fut arrêté pour des propos imprudents. Les circonstances et l'exaltation des esprits pouvaient attirer sur lui une peine très-sévère peut-être. Il eut l'heureuse pensée d'écrire à Sichel. Celui-ci, à la lecture de la lettre, quitte sa clinique, vole aussitôt chez l'un des ministres, et obtient la liberté du prisonnier !

Sichel, gradué en Allemagne, n'avait point de droit légal d'exercer la médecine à Paris. Il voulut y être pourvu du titre de docteur, et le 1er août 1833, le Dr Dupuytren, président du jury, en lui en délivrant le diplôme, mérité par ses examens brillants, lui adressa ces flatteuses paroles : « je crois être l'interprètre des sentiments de la faculté tout « entière, en vous disant combien elle s'honore et combien elle est « fière de s'attacher un savant tel que vous. »

Sichel n'était pas moins instruit dans les lettres que dans les sciences. Le 21 octobre de la même année, il se présenta devant les juges de la Sorbonne, pour y conquérir le titre de licencié-ès-lettres : il l'emporta avec éclat. Les boules déposées dans l'urne, pour décider de son sort, s'étaient trouvées toutes blanches.

La renommée cependant se chargeait chaque jour de répandre le bruit de son habileté dans le traitement des maladies des yeux et ses succès dans des cures souvent inespérées.

Les malades affluaient de tous côtés. La reconnaissance l'attachait à Paris : il se fit naturaliser français, le 31 mars 1834.

A la vue des personnes si nombreuses, qui venaient recourir à ses lumières, pour être guéries de leurs infirmités, notre ami se sentit ému de pitié pour les malheureux, qui souvent n'osent pas s'adresser au médecin dont ils ne peuvent pas rémunérer les services ; et, pour satisfaire le désir charitable d'être utile, qui était un des besoins de son excellente nature, il créa, rue Férou, en 1836, une clinique ophthalmologique, pour les personnes peu aisées et surtout pour les pauvres. Ces derniers y trouvaient des consultations et des opérations gratuites, et des soins aussi affectueux et aussi empressés que s'ils s'étaient présentés les mains pleines d'or : petits et grands, tous étaient égaux, comme il le disait souvent, devant son couteau à cataracte.

Il a continué jusqu'à la fin cette vie de dévouement, qui lui a valu les bénédictions de tant de milliers de malheureux, et lui a mérité d'avoir place sur la liste des bienfaiteurs de l'humanité.

Vers la fin de 1836, il publia, dans la *Gazette médicale de Paris*, une revue trimestrielle de sa clinique ophthalmologique. Ses occupations devenues plus nombreuses ne lui permirent pas de donner suite à ce travail. Sa réputation n'en avait pas besoin ; il voyait arriver des diverses parties de l'Europe, des malades empressés de recourir à ses talents; et ce n'étaient plus de simples élèves qui venaient s'instruire à ses leçons; les professeurs les plus réputés des royaumes étrangers se croyaient obligés de s'éclairer à sa clinique et de se former en étudiant ses manières d'opérer.

On ne pouvait plus aller chez lui, dès six heures du matin, sans trouver son cabinet d'attente rempli d'une foule de personnes de tous les rangs, venant recourir à ses talents, et souvent, à six heures du soir, il n'avait pu donner audience à tous les malades.

En 1837, il publia son traité de l'*ophthalmie*, de la *cataracte* et de l'*amaurose*, et depuis cette époque, il a fait paraître plus de cent mémoires sur quelques-unes des parties de la science s'occupant de la plus cruelle des infortunes : de celle qui nous prive de la faculté de nous conduire et de jouir de la vue des objets de nos affections.

Entre tous ses travaux si multipliés. dont je laisse l'appréciation à des écrivains plus compétents, je me bornerai à citer son *Iconographie ophthalmologique*, illustrée par 80 planches coloriées, ouvrage publié de 1852 à 1859, et dont l'exécution lui a coûté plus de 50,000 fr.

Au moment où il terminait ce travail, Helmolz venait d'inventer l'ophthalmoscope, destiné à répandre des lumières inconnues jusqu'alors sur l'art de l'oculiste. Sichel n'avait plus le temps de refondre son travail pour le mettre en rapport avec les modifications qu'il aurait fallu y apporter dans quelques parties. Son œuvre restera néanmoins pendant longtemps encore comme le plus beau traité sur la matière.

Sichel y fait connaître un bon nombre de changements heureux dans ses méthodes opératoires, et toute la science de l'oculistique s'y trouve exposée avec le talent d'un homme qui joignait aux dons merveilleux dont la providence l'avait doté, les avantages de fortes et consciencieuses études, et d'une expérience acquise par une longue pratique.

Aussi, dans la séance du 1er octobre 1863, époque de la réunion du congrès ophthalmologique, à Bruxelles, fût-il élu, par acclamation, président honoraire perpétuel du congrès périodique international d'ophthalmologie.

M. le docteur Warlomont, auteur d'une excellente notice sur notre ami (1), en avait formulé la demande dans les termes suivants, qui méritent d'être rapportés :

« Messieurs, je demande la permission de renouveler la motion qui « a été accueillie hier avec transport par l'assemblée. Nous désirons « que M. Sichel accepte la présidence honoraire perpétuelle de notre « société. Nous serions heureux, messieurs, de voir inscrit au frontis- « pice de notre œuvre le nom de l'homme qui, pendant sa longue car- « rière, a su allier à un si haut degré l'honorabilité professionnelle à « la probité scientifique. »

Les travaux de Sichel n'avaient pas seulement procuré à son nom une renommée éclatante justement acquise. Le Roi Louis-Philippe voulut lui remettre lui-même, le 5 mars 1840, la croix de la Légion-d'honneur. « Docteur, lui dit le prince, je vous ai fait appeler, non « pour recourir à vos talents, mais pour vous remettre cette décora- « tion si bien méritée. Le ministre avait oublié votre nom sur la liste; « je l'y ai ajouté de ma main, et j'étais heureux d'être le premier à « vous l'annoncer. »

Depuis cette époque les honneurs allaient pleuvant sur sa tête. En 1843, il était nommé médecin et chirurgien oculiste des maisons d'éducation de la Légion d'honneur. Le 27 avril 1847, il devenait commandeur de cet ordre, et une partie des souverains de l'Europe couvraient sa poitrine de signes plus ou moins brillants, dont sa modestie lui empêchait de se pavaner (2).

Sichel n'était pas seulement un oculiste de premier mérite ; il lisait le Coran comme un ulema, et la bible hébraïque, comme un rabbin.

---

(1) Nécrologie. JULES SICHEL. *Gand*, 1869. In-8°, 23 pages, e partie. Extrait des *Annales d'Oculistique*. — Janvier-février, 1869.)

(2) Il était chevalier de l'ordre de Léopold (Belgique), de celui de Charles III (Espagne), commandeur de l'ordre du Christ (Portugal), commandeur de l'ordre d'Isabelle-la-Catholique (Espagne), commandeur de l'ordre de Saint-Stanislas (Russie).

La plupart des académies ou sociétés savantes de l'Europe et de l'Amérique avaient tenu à honneur de le compter au nombre de leurs membres.

Le grec lui était aussi familier que le latin ; il les traduisait tous les deux à livre ouvert. L'allemand était sa langue maternelle ; il écrivait le français avec un style clair et facile, et le parlait avec un léger accent, qui ne manquait pas de grâce, mais suffisant pour révéler aux oreilles délicates son origine étrangère. Il se faisait entendre et s'exprimait avec aisance dans la plupart des autres langues de l'Europe.

Il se chargea dans le temps, pour l'édition des œuvres du Père de la médecine, publiée par M. Littré, de la partie relative au traité de la vision. Il apporta dans cette étude la conscience qu'il mettait à tous ses travaux. Il ne se borna pas à consulter toutes les éditions connues des ouvrages d'Hippocrate, il chercha de nouvelles lumières dans les manuscrits existant dans les bibliothèques de Paris, Florence, Venise, Gœttingue, Copenhague, etc.

Ces recherches furent pour lui l'objet d'une découverte. La bibliothèque bodléienne d'Oxford possédait deux manuscrits considérés comme une version arabe des livres de la vision, du médecin de Cos. Il apprit aux savants qu'ils contenaient un traité des maladies des yeux, composé par un auteur inconnu.

En 1846, dans la *Revue de Philologie*, il avait donné, d'après un manuscrit de la bibliothèque de la Rue Richelieu, le texte d'un poëme grec inédit, attribué au médecin Aglaïas; il y ajouta ses conjectures et celles de MM. Dübner et Müller, sur plusieurs passages, en apparence corrumpus ; des généralités sur le poète et sur son œuvre ; une traduction française ; un commentaire médico-philologique ; le texte du poëme de Philon de Tarse, conservé par Galien, et les scolies dont celui-ci l'a accompagné ; et enfin une lettre fort intéressante du savant helléniste M. Dübner, sur le poëme d'Aglaïas.

La faculté de Giessen, pour honorer son savoir, lui envoya le 26 octobre 1854, le diplome de docteur en philosophie et en philologie.

En 1847, dans les *Annales d'Oculistique*, il publia un compte-rendu

(1) Œuvres complètes d'Hippocrate. Traduction, avec le texte grec en regard, par E. Littrè. — *Paris*, 1839 et suiv., 7 vol. in-8°.

et analyse du *Traité des Maladies des yeux*, écrit en arabe par Isa-ben-Ali (1), et édité par Hille; il y ajouta des annotations précieuses.

Sichel a publié divers travaux sur les pierres sigillaires des oculistes romains (2); et, ce qui montre l'étendue de son savoir et la variété de ses connaissances, il a mis au jour plusieurs mémoires sur l'Archéologie pure : l'un d'eux a été lu dans la session du Congrès scientifique de France, en juin 1867.

Des toutes les sciences auxquelles il s'était adonné, celle qu'il cultivait avec une prédilection toute particulière, celle qu'il aimait avec une véritable passion, était l'Entomologie. Peu empressé de courir après la fortune, dont il aurait été comblé de faveurs, s'il les avait recherchées avec plus d'avidité, il donnait à son art médical les cinq premiers jours de la semaine, pour répondre aux désirs de sa clientèle et au besoin de soulager les malheureux ; pour y trouver les ressources nécessaires à l'entretien de sa maison et à la satisfaction de ses goûts scientifiques, et il s'était réservé le samedi et le dimanche de chaque semaine, pour se livrer à ses études favorites.

Les Hyménoptères l'avaient surtout intéressé d'un manière particulière; et il s'était attiré, par ses connaissances dans cette branche des sciences naturelles, une réputation presque égale à celle qu'il avait comme oculiste.

Malgré les louanges ou les témoignages de reconnaissance qui lui arrivaient fréquemment, par suite de ses opérations comme médecin des organes de la vision, malgré la considération dont ses talents en ce genre l'entouraient, rien ne valait, pour lui, une journée passée dans quelque campagne perdue, à la recherche d'un Hyménoptère manquant à sa collection, ou dont il voulait étudier les mœurs.

Ses goûts entomologiques ont été peints avec tant de naturel et de

---

(1) Alii Ben-Isa Monitorii oculariorum Specimen, edit. Car. Aug. Hille. *Dresde*, 1845. — *Annales d'Oculistique*, 1847, t. XVIII, p. 230. — *Journal asiatique*, 1867.

(2) Voyez à la fin de cette Notice le catalogue de ses travaux.

vérité par l'un de ses amis, M. Berthoud (1), que ce dernier me pardonnera sans doute la liberté dont j'use, de reproduire ce qu'il a si bien écrit à ce sujet.

« Il fallait, dit-il, le voir, debout avant l'aube, en veste courte, la tête nue, une boîte verte en ferblanc placée en bandoulière sur ses épaules, un filet de gaze à la main, les poches bourrées de boîtes et de pelottes garnies de longues épingles menues, se jeter fiévreusement dans un wagon de chemin de fer, en descendre plus précipitamment encore, et, redevenu alerte et gai comme un enfant, gagner à grandes enjambées le bois ou la prairie où il espérait faire bonne chasse. Quoiqu'il aimât à entreprendre seul ces escapades, j'obtins une ou deux fois, en ma qualité d'adepte et surtout d'ami, de l'accompagner, et les plus indifférents eussent fini, comme moi, par s'associer à l'ardeur de cet entomologiste passionné. Un coup d'œil lui suffisait pour découvrir un insecte d'une espèce rare, ou duquel il ne connaissait pas bien les mœurs, et il jetait des cris de joie en en prenant possession.

« Il n'y a pas encore deux ans que nous exploirions ensemble un coin de la forêt de Fontainebleau. Tout-à-coup il s'arrêta, me fit signe de ne point avancer davantage et me montra du doigt un Hyménoptère élégant, et que je reconnus du premier coup d'œil pour appartenir à la famille des *Cerceris*.

« Long de six lignes, portant sur ses ailes de gaze une bande noire qui les traversait comme une barre de sable sur le champ d'argent d'un écu héraldique, le corselet à peine soudé par un fil à un corps étroit et jaune, la tête couronnée d'antennes d'une extrême mobilité, le Cerceris — une femelle — allait d'un arbre à l'autre et en interrogeait l'écorce de ses pattes d'or, à genouillères rougeâtres. Il ralentit brusquement son vol, plana durant quelques secondes, puis s'abattit sur une enfractuosité de l'écorce d'un orme, dans les plis de laquelle se tenait blotti un Bupreste. Il le piqua de son aiguillon, le saisit avec

(1) Journal la *Patrie*, n° du 24 novembre 1868.

ses pattes armées d'ongles et l'emporta vers un terrain sec, exposé au soleil et dont la surface, battue et solide, renfermait sans doute son nid. Le cœur palpitant, la bouche entr'ouverte, car l'émotion lui coupait la respiration, Sichel allongea, par un mouvement rapide, sa main tremblante qui étreignait un filet de chasse, et l'insecte se trouva pris dans une prison de gaze.

« — C'est le *Cerceris bupresticide* décrit par L. Dufour, me dit-il, en examinant cet Hyménoptère, qui se débattait en furie. Il manquait à ma collection, car il est rare, et certains entomologistes en contestent même l'existence.

« En parlant ainsi, il saisissait avec une extrême adresse, au moyen de pinces très fines, l'insecte, qu'il plongea dans un flacon rempli de chloroforme. Une seconde suffit pour tuer le captif, dont les pattes s'allongèrent dès lors et se laissèrent aller aux ondulations du liquide, tandis que sa tête retombait en arrière et que ses antennes s'affaissaient inertes.

« — Je suis sûr, dit Sichel, en reprenant la parole, à laquelle il avait renoncé pendant qu'il commettait ce meurtre scientifique, je suis sûr que le nid de ce Cerceris se trouve là, à l'endroit que mon pied foule et vers lequel la bestiole volait à tire d'aile quand je l'ai prise. Cherchons bien et nous le trouverons.

« — Avant d'entreprendre cette recherche, mon ami, lui demandai-je, ne ferions-nous pas mieux de recueillir le Bupreste qui git sur le sable, et qui, vous le savez, n'est pas d'une espèce commune, car je le rencontre pour la première fois dans les environs de Paris? Voyez, c'est le Bupreste taché de jaune (*flavomaculata*), long de huit lignes et à huit taches jaunes sur ses élytres striées, et qu'on dirait de bronze tant y miroitent des reflets semblables à ceux produits par ce métal.

« — Vous avez raison, me répondit-il, tandis que j'examinais le Bupreste, il nous servira à résoudre une singulière question scientifique, celle de constater d'une manière exacte l'espace de temps que met un insecte percé par l'aiguillon empoisonné du Cerceris à manifester les premiers symptômes de la décomposition. Comme l'œuf des Cerceris n'est pas ordinairement éclos quand la mère apporte des Buprestes dans son nid, et que la larve qui sort de cet œuf séjourne plusieurs mois dans sa cachette et ne s'y nourrit que de la substance des Buprestes, il y a là un phénomène de conservation vraiment merveilleux. Ce cadavre vivant, car vous voyez que ses articulations sont souples et que son corps conserve sa fléxibilité, nous apprendra la durée réelle du phénomène.

« — Voici un autre *Cerceris bupresticide* ! fis-je en l'interrompant.

« — Ne tuons pas celui-ci, répondit-il avec le sourire bienveillant et naïf qui lui était particulier. Pas de meurtre inutile ! Un seul individu suffit à combler une lacune regrettable dans ma collection, et puis c'est une excellente occasion d'étudier, *de visu*, les allures de la pauvre bête, qui ne se doute pas du danger auquel vos conseils l'ont un instant exposée.

« En ce moment, le Cerceris, comme naguère son malheureux prédécesseur noyé dans le flacon de chloroforme, emportait dans ses serres un autre Bupreste qui, plongé en léthargie, n'opposait aucune résistance à son bourreau.

« Ce dernier finit par s'arrêter au-dessus du sol comme l'avait fait l'autre Cerceris, y descendit, déposa un instant sur le sable sa proie, la reprit à l'aide de ses pattes de derrière et se mit à la traîner à reculons vers un endroit où notre œil ne distingua d'abord rien de particulier, malgré toute l'attention que nous apportions à cet examen.

« Le Cerceris s'arrêta, déposa son fardeau, frappa le sol de ses pattes, s'avança quelque peu, et, braquant en avant ses antennes, qui s'agitaient fiévreusement, tandis que ses gros yeux semblaient devenir plus clairs, il arriva près d'une petite pierre, et la repoussa brusquement par un effort violent. Nous aperçûmes alors une ouverture relativement assez large qui se dégagea du sable qui l'obstruait. Aussitôt le Cerceris reprit le Bupreste, cette fois à l'aide de ses fortes mandibules, et il pénétra dans le trou avec sa proie.

« — C'est son nid, dit Sichel, une véritable galerie souterraine creusée en forme de coude et obliquement, de façon à ce que le sable ne puisse l'encombrer. Au fond, se trouvent cinq cellules complètement indépendantes l'une de l'autre, disposées en demi-cercle et affectant la forme d'une olive. Dans chacune des cellules gît un œuf au-dessus duquel le Cerceris déposera trois Buprestes destinés à procurer un aliment à la larve qui sortira de cet œuf. Celle-ci, chaque fois qu'elle sentira le besoin de manger, n'aura qu'à lever la tête pour trouver une nourriture abondante. Elle rongera tout le corps de l'insecte sans toucher aux organes essentiellement vitaux ; bref, cet ogre ne tuera sa chair fraîche que le jour où il ne lui restera rien autre à manger. Alors il se transformera en chrysalide, et plus tard en Cerceris complet.

« — Pourquoi la mère n'approvisionne-t-elle sa future progéniture que de Buprestes ?

« — C'est là un mystère, comme tant d'autres, qu'on ne saurait expliquer. Tenez, voyez! je jette là, à l'entrée du trou, des chenilles, des mouches et une foule d'insectes dont les autres Cerceris se montrent fort friands; eh bien! le Cerceris qui vient de sortir de son nid, passe dessus sans même y prendre garde, et il vole à deux cents pas de là, vers le bouquet d'ormes, pour y chasser d'autres Buprestes. Le voici qui revient avec une de ces bestioles.

« — Singulier métier pour un insecte qui se nourrit du miel des fleurs, que de se transformer ainsi en empoisonneur et en boucher!

« — Ne croyez pas, continua mon ami, que le Cerceris femelle, comme la plupart des autres insectes, abandonne sa lignée quand il l'a suffisamment approvisionnée. Cette mère paraît revenir encore plusieurs fois avant de mourir s'assurer si la pierre destinée à masquer le lieu qui la cache, n'a pas été enlevée par un ennemi.

« Le soir, après une longue et heureuse chasse, nous revînmes à Paris, non sans deviser et redeviser, chemin faisant, insectes et entomologie. Sichel, avant de changer de vêtements, et sans songer, malgré une faim des plus criardes, à se mettre à table, installa avant tout, dans une petite boîte garnie d'ouate, le Bupreste anesthésié par le venin du Cerceris. Ce Bupreste s'y conserva, depuis lors, toujours souple, toujours frais, toujours sans le moindre symptôme de corruption. Chaque fois que j'allais voir Sichel, celui-ci me montrait l'insecte tout ensemble vivant et mort, endormi et embaumé, et s'extasiait devant un phénomène si déconcertant pour les physiologistes.

« Il m'en parlait encore il y a deux mois, après avoir opéré de la cataracte une de mes amies d'enfance, et avoir donné, ce jour-là, une dernière preuve de sa science chirurgicale et de sa merveilleuse habileté de main, quoiqu'il ressentît déjà les plus douloureux symptômes de la maladie qui devait lui laisser si peu de jours encore à vivre.

« Au moment où je prenais congé de lui, il m'entretint de ses souffrances avec une courageuse résignation, et, faisant allusion à sa fin, qu'il ne sentait que trop prochaine, il ajouta avec un sourire mélancolique : « Je ne tarderai point, je crois, à connaître le fin mot du mystère de la conservation du Cerceris, et de ce qui donne à son venin une si étrange propriété. Comme dit saint Paul : Je verrai face à face, et l'éternité ne me paraît pas trop longue pour apprendre et comprendre les merveilles de la création. »

Ces détails charmants donnés par M. Berthoud suffiraient pour peindre l'ardeur avec laquelle Sichel se livrait à l'Entomologie, et l'esprit d'observation qu'il apportait dans ses recherches ; mais il faut s'être occupé de l'histoire des insectes d'une manière toute spéciale, et avoir souvent discuté avec lui sur ce sujet, pour se rendre compte de la finesse de ses aperçus, de l'habileté de son coup d'œil pour la distinction des espèces, pour les limites de leurs variétés, et surtout de l'étendue de ses connaissances des mœurs et des habitudes des Hyménoptères.

Grâce aux richesses de sa collection en ce genre et à ses observations nombreuses et intelligentes, la science lui doit d'avoir restreint le nombre de quelques-uns de ces insectes dans des bornes plus étroites.

La société entomologique de France, pleine d'admiration pour ses profondes connaissances, l'éléva en 1855 au fauteuil de la présidence.

Mes relations d'amitié avec Sichel remontaient déjà à d'assez longues années. Il m'avait suffi de causer avec cet aimable savant une première fois, pour me sentir épris pour lui d'un sentiment de vive sympathie.

Eh ! qui ne se serait attaché à cette nature si excellente, à cet homme si indulgent pour les faiblesses des autres, et dont la bouche n'avait une parole blessante pour personne, si ce n'est contre le charlatanisme, qu'il ne pouvait s'empêcher de combattre.

Il avait fallu lui promettre de passer avec lui la soirée du samedi pendant mes divers séjours à Paris, et ces visites auxquelles son amitié et son instruction savaient prêter tant de charmes, avaient pour moi de si vifs attraits, qu'il aurait fallu un motif bien puissant pour me faire manquer à ces rendez-vous.

Cet éminent entomologiste avait été ou était encore en relation avec la plupart des hyménoptérologistes distingués de l'Europe (1); plusieurs m'étaient soit personnellement connus, soit en rapport avec moi. Nous causions de ces hommes plus ou moins remarquables et de leurs travaux, et je ne saurais dire combien étaient instructives et agréables les heures passées avec lui.

Sichel était d'une taille un peu au-dessus de la moyenne. Il avait, depuis que je l'ai connu, la tête chauve, et il la portait toujours découverte, même dans les rues. Sa figure était gracieuse, sa physionomie pleine de douceur et de finesse; mais dès qu'on amenait la conversation sur les insectes, objets de ses affections, son œil, devenu plus brillant, laissait deviner son génie; sa figure se montrait plus animée et plus expressive, et sa parole, toujours claire et facile, charmait ses auditeurs par sa mémoire, son savoir et sa raison.

Ce qui faisait surtout de Sichel une des natures les plus accomplies, c'étaient les qualités de son cœur. Il joignait à la droiture et à l'honnêteté, qui sont un des plus beaux priviléges des âmes d'élite, une bonté, une générosité et une abnégation bien rares. Il suffira de citer le trait suivant rapporté par la *Gazette médicale de Paris* (2).

Notre oculiste avait donné des soins à un Anglais. Le malade guérit et partit sans prendre congé. Quelques mois après, au milieu de sa clinique, il reçut une lettre; c'était son client d'outre-mer qui venait le remercier et acquitter sa dette. La lettre contenait une traite de quatre mille francs. Sichel, agréablement surpris, eut aussitôt l'idée de faire une bonne œuvre, et il consulta ses élèves sur la question de savoir si cet argent devait être distribué en espèces aux indigents, ou converti

(1) Je me bornerai à citer, parmi ceux qui ne sont plus, Boheman, Dahlbom, Fonscolombe, Gravenhorst, Spinola, et parmi ceux qui vivent encore, MM. Forster, Haliday, Radoszkowski, de Saussure, Smith, Walker, Westmael et Westwood.

(2) Guardia, *Gazette médicale de Paris*, 15 décembre 1868.

en rentes sur l'État. La proposition fut mise aux voix, et la majorité décida qu'on achèterait un titre de rentes, pour l'entretien d'un nouveau lit.

Cette libéralité, ses habitudes charitables, ses goûts pour se procurer tous les livres ou instruments scientifiques utiles à son instruction ou nécessaires pour ses travaux, et les divers insectes dont il désirait la possession, suffisent pour expliquer la médiocrité de sa fortune, après une si longue et si brillante pratique.

Des circonstances dont je n'ai pas cherché l'explication, le portèrent il y a deux ans, à quitter la Chaussée-d'Antin, où il avait ses habitudes. En prenant un logement moins spacieux, il envoya au Muséum d'Histoire naturelle de Paris une partie de ses cartons d'insectes; et par son testament, il léguait à cet établissement toute sa collection et toute sa bibliothèque entomologique, afin de laisser ces diverses richesses à la disposition des personnes désireuses de les consulter.

Le 18 novembre 1867, il se présenta à l'Institut, comme candidat à la place d'académicien libre, devenue vacante par la mort de M. le docteur Civiale. Quand il sut que M. le docteur Larrey était son compétiteur, il engagea ses amis à reporter leur suffrage sur son concurrent, en les priant de les lui garder pour la première occasion; il eut néanmoins 10 voix. Lors de la séance d'élection du 9 décembre, sa nomination se serait trouvée assurée, à la suite de la nouvelle vacance survenue par décès de M. Delessert; mais le temps ne lui a pas permis d'être appelé à recueillir le titre qu'il sollicitait.

Il souffrait depuis longtemps d'une maladie de la vessie; il apprit enfin qu'il avait la pierre. Malgré ses douleurs, aucune plainte ne s'exhalait de sa bouche; il causait avec le même intérêt et la même animation des sciences, objets de ses études, et son caractère n'avait rien perdu de son aménité ordinaire; il parlait même de sa fin prochaine avec la sérénité et la tranquillité d'âme de l'homme qui n'a rien à se reprocher envers Dieu, ni envers ses semblables.

Pendant ces jours de souffrances, les consolations ne lui ont pas manqué. Il était entouré des soins les plus affectueux de l'amitié, et du dévouement le plus intelligent de son fidèle serviteur Casimir. Les médecins les plus renommés de la capitale venaient lui offrir des

témoignages de leur douloureuse sympathie; les visiteurs affluaient pour avoir des nouvelles de son état.

Pendant mon séjour à Paris, dans le mois de septembre dernier, il m'avait témoigné le désir de me voir deux fois par semaine. Il était presque toujours alité. Malgré les douleurs auxquelles il était en proie, il voulut revoir, pour l'édition nouvelle de ma physiologie, à l'usage des lycées et des autres maisons d'éducation, le chapitre relatif à l'organe de la vision, et ajouter quelques notes ou faire quelques modifications à mon texte.

En le quittant pour la dernière fois, il me serra dans ses bras avec plus d'affection. Je sentais qu'il me faisait ses adieux suprêmes. En m'éloignant de lui, je ne pus retenir mes larmes, à la pensée de ne le plus revoir.

Hélas! mes prévisions n'étaient que trop fondées! Quelques semaines plus tard, le 11 novembre 1868, à la suite de tentatives faites pour broyer le calcul dont sa vessie était embarrassée, il était enlevé à la science, à ses nombreux amis, et aux pauvres, dont sa main bienfaisante avait si souvent soulagé les misères ou guéri les infirmités!

Sichel a laissé sur l'Entomologie les ouvrages suivants :

I. — Travaux relatifs à la philosophie zoologique, à la zoologie et plus particulièrement à l'Entomologie; recherches philosophiques sur les questions de zoologie.

1. — Considérations sur la fixation des limites entre l'espèce et la variété, tirées principalement de l'ordre des insectes hyménoptères.

2. — Sur la rareté relative de certains hyménoptères et sur la *Mutilla incompleta* et la *Crocisa scutellaris*.

L'auteur, d'après ses observations, réunit en une seule espèce les *Mutilla incompleta* et *distincta*. (*Annales de la Soc. entom. de France.* 1852.)

3. — Réunion des *Polistes biglumis*, *L.*, *Gallicus*, *L.*, et *Geoffroyi*, Lepel. en une seule espèce. (*Ann. Soc. entom. de Fr.* 1854.)

4. — Note sur des Braconides, parasites de coléoptères. (*Ann. Soc. entom. de Fr.* 1854.)

5. — *Rhophites bifoleolatus*, espèce nouvelle des environs de Paris. (*Ann. Soc. entom. de Fr.* 1854.)

6. — Note sur les *Anthophora quadrimaculata et pubescens*. L'auteur, dans ce mémoire, réunit, à l'*Antoph. 4. maculata*, l'*Anth. mixta*, Lepel. qui n'est qu'une variété du ♂ de cette dernière.

Il réunit en même temps les *Ant. flabellifera*, Lepel. et *pubescens*, Fab. qui sont, la première le ♂, et la seconde la ♀ d'une même espèce. (*Ann. Soc. entom. de Fr.* 1854.)

7. — Description de l'*Acœnites perlæ*, Doumerc. L'auteur rend à cet insecte, considéré d'abord comme nouveau, le nom de *Hemiteles floricolator* que lui avait imposé Gravenhort. (*Ann. Soc. entom. de Fr.* 1856. Bullet. p. 88, 89 et 96.)

8. — Note sur la Cécydomie du froment et sur son parasite. (*Ann. Soc. entom. de Fr.* 1856. Bullet. p. 8 et 38.)

8. — Description de l'*Antophora Passerini*, espèce nouvelle.

Obs. Cette espèce avait été décrite quelque temps auparavant par Smith (Catal. Hymenopt. Brit. Mus. 1853. 1320.2) sous le nom de *Habropoda ezonata*. Mais Sichel fait observer avec raison qu'elle doit rentrer dans le genre *Anthophora*, ou que si l'on veut conserver le G. *Habropoda*, il faut comprendre dans cette nouvelle coupe toutes les autres espèces d'Anthophores dont les ♂ ont les pattes postérieures épaissies, telles que les *A. femorata*. Latr. *tarsata*, Sichel, etc. (*Ann. Soc. entom. de Fr.* 1856. Bullet. p. 9.)

9. — Note sur les fourmis introduites dans les serres chaudes; mémoire produit à l'occasion d'une petite *Myrmicide* d'Amérique qui s'est introduite et perpétuée dans les serres du Muséum de Paris. (*Ann. Soc. entom. de Fr.* 1856. Bull. p. 23.)

10. — Note sur l'absence d'un système nerveux chez la *Nemoptera lusitanica*, observée par M. L. Dufour. (*Ann. Soc. entom. de Fr.* 1856, p. 26.)

11. — Description de l'*Abia aurulenta*, espèce nouvelle de Tenthredonide de la famille des Cimbicides. (*Ann. Soc. entom. de Fr.* 1857. Bullet. p. 77 et *Etudes hyménoptérologiques*.)

12. — Sur les parasites de la *Cecidomya tritici*. Paris 1856. (Dans la notice publiée par M. Bazin sur cette Cécydomye.)

13. — Description d'un *Bombus lapidarius* gynandromorphe. (*Ann. Soc. entom. de Fr.* 1858. Bullet. p. 248.)

14. — Remarques et questions sur quelques espèces du genre *Sirex*. (*Ann. Soc. entom. de Fr.* 1859. Bullet. p. 83.)

14. — Diagnoses de quelques genres nouveaux.

Ce travail n'était que le prodrome d'une monographie comprenant plusieurs genres, que l'auteur se proposait de publier. (*Ann. Soc. entom. de Fr.* 1859. Bullet. p. 212.)

15. — De la chasse des Hyménoptères. *Paris*, 1859.

16. — Liste des Hyménoptères recueillis par M. E. Bellier de la Chavignerie, dans le département des Basses-Alpes, pendant les mois de juin, juillet et août 1858. (*Ann. Soc. entom. de Fr.* 1860, p. 215.)

17. — Liste des Hyménoptères recueillis en Sicile par M. Bellier de la Chavignerie, en 1859.

Obs. Ce travail contient la description d'un certain nombre d'espèces nouvelles. (*Ann. Soc. entom.* 1860, p. 749.)

18. — Catalogue des espèces de l'ancien genre *Scolia*, contenant les diagnoses, les descriptions et la synonymie des espèces, avec des remarques explicatives et critiques, par H. de Saussure et J. Sichel. *Paris*, 1860. in-8° et pl.

19. — Courtes remarques sur les moyens de conserver les collections entomologiques.

Obs. Comme préservatif, l'auteur recommande surtout une solution de strychnine dans de l'éther. (*Ann. Soc. entom.* 1861. p. 85.)

20. — Observations hyménoptérologiques :

1° Sur l'*hylotoma formosa*.

2° Sur des Conopiens, parasites d'Hyménoptères.

Obs. L'auteur en décrit deux espèces nouvelles. (*Ann. Soc. entom. de Fr.* 1862, p. 119.)

21. — Sur le sexe des noms génériques *Polistes*, *Eumenes* (Hyménoptères) et des autres noms génériques terminés en *es*.

Obs. L'auteur prouve que ces noms doivent être masculins, suivant l'usage de la langue grecque. Il ajoute à ce petit travail la description d'une nouvelle espèce de *Sphex*. (*Sph. hemiprasina*, de Montévidéo, et de sa variété le *Sph. hemipyrrha*. (*Ann. Soc. entom. de Fr*. 1863)

22. — Essai monographique sur le *Bombus montanus* et ses variétés. (*Ann. de la Soc. linn. de Lyon*, t. II. 1865, p. 421.)

23. — *Études hyménoptérologiques*. *Paris*, 1865, in-8, contenant :

1° Essai d'une monographie du genre *Oxaea*, KLUG.

2° Essai d'une monographie des genres *Phasganophora*, WESTWOOD, et *Conura*, SPINOLA.

3° Révision monographique, critique et synonymique du genre Mellifère *Sphecodes*.

4° Révision du genre *Stephanus* (famille des EVANIDES.).

5° *Abia aurulenta*, SICHEL. (Nouvelle espèce de Tenthredine.)

Travaux de Sichel relatifs à la médecine ou à la chirurgie, ou appliqués à l'étude des maladies des yeux.

A MÉDECINE OCULAIRE.

1. — Lettre adressée au docteur Canstatt, sur le fongus médullaire (l'encéphaloïde) et le fongus hématode de la rétine, le glaucome et la cataracte verte opérable. *Würtzburg*, 1831, in-8°.

(En allemand) aux pages 62 et 63 de la thèse de Canstatt.

2. — Leçons orales de clinique des maladies des yeux, faites à l'hôpital Saint-Antoine, dans le service d'Auguste Bérard, pendant les années 1833 et 1834. (*Gazette des Hôpitaux*.)

3. — Propositions générales sur l'ophthalmologie, suivies de l'histoire de l'ophthalmie rhumatismale. *Paris*, 1833, in-8°, 49 pages.

Traduct. allemande par le Dr P.-J. Philipp. *Berlin*, 1834, in-8°.

4. — Leçons cliniques sur les maladies des yeux 1836. (*Gazette des hôpitaux*.)

5. — Mémoire sur la choroïdite ou inflammation de la choroïde. 1836. (*Journal hebdomadaire de médecine*.)

6. — Revue trimestrielle de clinique ophthalmologique de M. Sichel. (Oct. nov. et déc. 1836) Mars 1837. (Publiée d'abord dans la *Gazette médicale de Paris*.)

7. — Traité de l'ophthalmie, de la cataracte et de l'amaurose. *Paris*, 1837, avec 4 pl. color.

Traduction allemande 1838. — Traduction espagnole 1839, 2 vol. in-8°.

8. — De la paralysie du nerf de la 3e paire ou nerf moteur oculaire. 1838. (*Recueil des travaux de la Société médicale du département d'Indre-et-Loire.*)

9. — Mémoire sur l'iritis syphilitique. 1840. (*Journal des connaissances médicales.*)

10. — Des amauroses chlorotique et asthénique et de leurs complications. 1840. (*Journal des connaissances chirurgico-médicales.*)

11. — Mémoire sur le glaucôme. *Bruxelles*, 1842, in-8°, 260 p. (Publié d'abord dans les *Annales d'oculistique.*)

12. — Notes sur le chémosis séreux, comme symptôme des tumeurs furonculaires des paupières. 1843. in 8°. (*Journal des connaissances médicales pratiques*, et *Annales d'oculistique.*)

13. — Leçons cliniques sur les lunettes et les états pathologiques consécutifs de leur usage irrationnel. (1er et 2e parties, Presbytie et Myopie.) *Bruxelles*, 1848. in 8°. (Publiées d'abord dans les *Annales d'oculistique*. 1845 à 1847.) Traduction anglaise par le Dr H. W. Williams. *Boston*, 1850. in 8°.

14. — De la Spinthéropie ou Synchysis étincelant (Spinthéropie : *spinther*, étincelle, et *ops*, vision) nom créé par Sichel. — A cette maladie se rattachent les articles suivants.

15. — Recherches sur la formation des paillettes mobiles et luisantes, dans le corps vitré. 1845. (*Journal de chirurgie*, et *Annales d'oculistique*. 1846.)

16. — Note complémentaire sur le Synchysis étincelant. (*Annales d'oculistique*. 1846.)

17. — Réflexions sur la Note de M. Stout relative à ces recherches. 1846. (*Annales d'oculistique.*)

18. — Synchysis étincelant ; extraction et examen microscopique des paillettes brillantes amoncelées dans la chambre antérieure. 1850. (*Annales d'oculistique.*)

19. — Note sur la Spinthéropie ou Synchysis étincelant. 1850. (*Annales d'oculistique.*)

20. — Rectification relative à l'historique de la Spinthéropie. 1851. (*Annales d'oculistique.*)

21. — Note complémentaire sur la Spinthéropie. 1851. (*Annales d'oculistique.*)

22. — Quelques observations nouvelles de Spinthéropie. 1855. (*Annales d'oculistique.*)

23. — Du danger de l'emploi des certains collyres mal formulés ou mal préparés. 1845. (*Annales d'oculistique.*)

24. — Sur les idées prétendues allemandes dans l'enseignement ophthalmologique de M. Sichel. 1845. (*Journal des connaissances médico-chirurgicales*, et *Annales d'oculistique.*)

25. — Recherches cliniques et anatomiques sur l'atrophie et la phthisie de l'œil. 1846. (*Annales d'oculistique.*)

26. — Remarques sur l'emploi des préparations iodurées dans les ophthalmies et sur les médicaments qui peuvent leur être substitués. 1846. ((*Journal des connaissances médicales pratiques.*)

27. — Mémoire sur quelques maladies de l'appareil de la vision (le clignotement, la névralgie oculaire et l'héméralopie) considérées surtout au point de vue de leur complication avec la conjonctivite. 1847. (*Gazette médicale de Paris.*)

28. — Sur une forme particulière de l'inflammation partielle de la choroïde et du tissu cellulaire sous-conjonctival, et sur son traitement. 1847. (*Bulletin général de thérapeutique.*)

29. — Lettre sur un topique antiophthalmique chinois. 1848. (*Gazette médicale de Paris.*)

30. — Des principes rationnels et des limites de la curabilité des cataractes sans opération. 1848. (*Bulletin général de thérapeutique.*)

31. — Sur une espèce de diplopie binoculaire musculaire non encore décrite. 1848. (*Revue médico-chirurgical de Paris.*)

32. — Sur une affection verruqueuse des paupières et du voisinage, liée à une diathèse lymphatique. 1848 et suiv. (*Journal des connaissances médicales pratiques*, et *Annales d'oculistique.*)

33. - Du Colobome iridien ou iridoschima. (Publié par M. Fichte dans les *Contributions à l'étude des malformations de l'iris. Heidelberg*, 1852.)

34 — Observations d'amblyopie presbytique, réunies surtout sous le rapport des variétés et des complications de cette maladie. 1853. (*Annales d'oculistique.*)

35. — De la choroïdite (ou mieux, rétino-choroïdite) postérieure. 1859. (*Gazette des hôpitaux*).

36. — De la corectopie ou déplacement de la pupille. 1859. (*La France médicale.*)

37. — Mélanges ophthalmologiques. *Bruxelles*, 1865. (*Extrait des annales d'oculistique.*)

38. — Nouvelles recherches pratiques sur l'amblyopie et l'amaurose causées par l'abus du tabac à fumer, avec des remarques sur l'amblyopie et l'amaurose des buveurs. 1865. (*Annales d'oculistique.*)

39. — De la coexistence de la cécité avec la surdité, et surtout avec la surdi-mutité. 1865. (*Annales d'oculistique.*)

B. CHIRURGIE OCULAIRE

40. — Du chalazion et des glandes de Meibomius (follicules sébacés des paupières). 1833. (*Gazette des hôpitaux.*)

41. — Sur le cancroïde épithélial (épithelioma) avec une observation de cancroïde épithélial de la paupière inférieure droite, ayant exigé l'amputation de l'hémisphère antérieur du globe et l'ablation de la paupière inférieure. 1836. (*La France médicale.*)

42. — Méthode simple et facile de faire des cataractes artificielles. 1840. (*Gazette des hôpitaux.*)

43 — Leucoma central adhérent de la cornée droite. Iridectomie latérale externe pratiquée avec succès. 1841. (*Bulletin général de thérapeutique.*)

44. — Études sur l'anatomie pathologique de la cataracte. 1841. (*L'Esculape, gazette des médicins praticiens.*)

45. — Discussion avec M. Malgaigne, sur la nature et le siége de la cataracte. 1841. (*Gazette des hôpitaux.*)

46. — Opération d'iridodialyse (décollement de l'iris) pratiquée avec succès, dans un cas d'oblitération complète de la pupille par une fausse

membrane et un staphylôme iridien. 1841. (*Bulletin général de thérapeutique.*)

47. — Mémoire sur le staphilôme pellucide conique de la cornée (conicité de la cornée) et particulièrement sur sa pathologie et son traitement, avec quelques remarques sur les staphylômes en général. 1842. (*Bulletin de thérapeutique*, et *Annales d'oculistique*, 2e vol. supplémentaire. 1843.)

48. — Études cliniques et anatomiques sur quelques espèces peu connues de la cataracte lenticulaire. 1842 et 1843. (*Gazette des hôpitaux* et *Annales d'oculistique*.)

49. — Note complémentaire sur la cataracte corticale. 1843. (*Annales d'oculistique.*)

50. — De quelques accidents consécutifs à l'extraction de la cataracte, et en particulier de la fonte purulente de la cornée et du globe oculaire; des moyens de prévenir ces accidents. 1843. (*Bulletin général de thérapeutique.*)

51. — Sur la formation spontanée de pupilles artificielles. 1843. (*Journal des découverts en médecine, etc.*)

52. — Mémoire pratique sur le cisticerque observé dans l'œil humain. 1843 et 1844. (*Journal de chirurgie*, et *Annales d'oculistique*. 1847.)

53. — Nouvelles observations sur le cisticerque observé dans l'œil humain. 1847 et 1854. (*Journal de chirurgie*.)

54. — Du cisticerque dans le tissu cellulaire sous-cutané des paupières. 1847. (*Revue médico-chirurgicale.*)

55. — Tableau des entozoaires observés jusqu'ici dans l'œil de l'homme et des animaux. 1855. (*Journal de chirurgie*.)

56. — Aphorismes pratiques sur divers points d'ophthalmologie. 1844 et 1846. (*Annales d'oculistique.*)

(Sur l'encéphaloïde de la rétine. — Sur les effets de la strychnine. — Des différentes espèces de ptosis ou chute de la paupière supérieure. — Sur les taches lipomateuses des paupières non décrites jusqu'alors. — Sur le bruit de cosse ou de gousse.)

57. — Mélanose de l'orbite consécutive à une mélanose cancéreuse du globe oculaire droit, laquelle avait nécessité l'extirpation de cet

organe, avec des considérations sur les mélanoses du globe et de ses annexes. 1844 et 1845. (*Gazette des hôpitaux.*)

58. — Sur la sortie du corps vitré pendant ou après l'extraction de la cataracte. 1845. (*Bulletin général de thérapeutique.*)

59. — De la méthode opératoire qu'il convient de choisir, quand des cicatrices de la cornée compliquent la cataracte. 1845. (*Journal de chirurgie.*)

60. — Considérations pratiques sur l'extraction des corps étrangers et particulièrement sur des morceaux de capsule fulminante qui ont pénétré dans l'intérieur du globe oculaire. 1845. (*Annales d'oculistique.*)

61. — Études cliniques sur l'opération de la cataracte. 1845, 1846, 1847. (*Gazette des hôpitaux* et *Annales d'oculistique.*)

62. — Sur l'anchylops érysipélateux de Beer. 1845. (*Journal des connaissances médico-chirurgales.*)

63. — Statistique des résultats de l'opération de la cataracte.

64. — Essai préliminaire de statistique des résultats d'opération de cataractes. 1846. (*Gazette des hôpitaux.*) Voyez aussi les thèses de ses élèves :

65. — Dingé. Statistique des opérations de la cataracte, pratiquée d'après les indications rationnelles. *Paris*, 1853, in-4°.

66. — Doumic. Statistique des opérations de la cataracte. *Paris*, 1855, in-4°.

67. — Beauzon. Sur l'extraction linéaire de la cataracte. *Paris*, 1864, in-4°.

68. — Arguello. De l'opération de la cataracte par extraction linéaire. *Paris*, 1866, in-4°.

69. — Mémoire sur les kystes séreux de l'œil et des paupières, appelés vulgairement hydatides ou kystes hydatiques. 1846. (*Archives générales de médecine.*)

70 — Sur la dislocation et l'abaissement spontanés du cristallin. *Hambourg*, 1846. (En allemand. Oppenheim, *Zeitschrift für die gesammte Medicin*) — Travail réproduit en français dans plusieurs journaux.

71. — Etude sur la cataracte grumeuse ou sanguinolente. 1847. (*Gazette des hopitaux.*)

BIBLIOTHÈQUE NATIONALE R.F. IMPRIMÉS

72. — Considérations anatomiques et pratiques sur le staphylôme de la cornée et de l'iris. 1847. (*Archives générales de médecine.*)

73. — Considérations sur l'introduction dans l'œil de corps étrangers non métalliques. 1847. (*Bulletin général de thérapeutique.*)

74. — Sur les corps étrangers métalliques introduits dans l'œil. 1847. (*Bulletin général de thérapeudique.*)

75. — Recherches sur la manière dont se fait la cicatrisation de la plaie, après l'opération du staphylôme de la cornée et de l'iris par l'amputation totale ou partielle. 1848. (*Annales d'oculistique.*)

76. — Considérations sur l'emploi des inhalations d'éther en chirurgie oculaire. 1847. (*Journal des connaissances médico-chirurgicales.*)

77. — Mémoire sur l'épicanthus et sur une espèce particulière et non encore décrite de tumeur lacrymale. 1851. (*Union médicale. — Annales d'oculistique.*)

78. — Note sur une espèce non encore décrite d'épicanthus, l'épicanthus externe. 1853. (*Union médicale.*)

79. — Cas d'épicanthus congénial interne et de ptosis atonique complets doubles, compliqués de strabisme convergent plus fort à l'œil gauche, et exigeant des modifications du procédé opératoire. 1859. (*Union médicale.*)

80. — Note sur le traitement de l'ectropion sarcomateux. 1851. (*Bulletin de thérapeutique.*)

81. — Note supplémentaire sur l'ectropion sarcomateux. 1860. (*Bulletin de thérapeutique.*)

82. — Mélanose de l'œil, extirpation; considération sur cette maladie. 1851. (*Gazette des hôpitaux. — Annales d'oculistique.*)

83. — Sur une espèce de tumeur lacrymale non encore décrite. 1852. (*Gazette des hôpitaux.*)

84. — Note sur le pince-tube pour l'extraction scléroticale des cataractes capsulaires et des fausses membranes. 1852. (*Annales d'oculistique.*)

85. — Iconographie ophthalmalogique avec 80 pl. color. — *Paris*, 1852 à 1859, gr. in-4°.

86. — D'un appareil ou bandage, contentif, destiné à diminuer le danger de l'écartement du lambeau, après l'opération de la cataracte

par la kératotomie; avec des considérations sur les autres modes opératoires, 1853. (*Gazette des hôpitaux.*)

87. — Du symblépharon, de l'ankiloblépharon et de leur opération. 1853. (*Gazette des hôpitaux.*)

88. — Du milium palpébral. 1853. (*Moniteur des hôpitaux.*)

89. — Observation de tumeur orbitaire annulaire des deux yeux. 1853. (*Gazette des hôpitaux*).

90. — Excroissance fongueuse causée par un crin implanté dans la conjonctive palpébrale. 1854. (*Gazette des hôpitaux.*)

91. — Observation de gangrène de la paupière supérieure droite avec gonflement sarcomateux de la conjonctive palpébrale, survenue sans cause connue. 1854. (*Annales d'oculistique.*)

92. — Du pseudencéphaloïde de la rétine. 1854. (*Moniteur des hôpitaux.*)

93. — De la curabilité de l'encéphaloïde de la rétine par l'atrophie et les moyens atrophiants. 1854. (*Moniteur des hôpitaux*).

94. — Procédé très-simple pour l'opération du phimosis. 1855. (*Bulletin de thérapeudique.*)

95. — Mémoire sur la cataracte noire. 1855. (*Archives d'ophthalmologie.*)

96. — Mémoire sur la cataracte noire, par les docteurs Robin et Sichel. 1857. (*Gazette médicale de Paris.*)

97. — Mémoire sur le staphylôme de la choroïde. (En allemand) 1857. (*Archiv für Ophthalmologie.*)

98. — Matériaux pour servir à l'étude anatomique de l'ophthalmie périodique de la cataracte du cheval. 1861. (*Annales d'oculistique.*)

99. — De l'ectropion, de son opération et de la blépharoplastie. 1858. (*Annales d'oculistique.*)

100. — De la ponction sclérienne ou paracentèse scléroticale du globe oculaire, appliquée surtout à la guérison des hydrophthalmies postérieure et totale. 1859. (*La Clinique européenne.*)

101. — Remarques et observations cliniques sur la curabilité du décollement de la rétine. 1859. (*La Clinique européenne.*)

102. — Note sur un procédé mécanique simple et facile de remé-

dier à une espèce fréquente d'entropion. 1860. (*Bulletin de thérapeutique.*)

103. Remarques pratiques sur l'opération de la cataracte congéniale et sur le céphalostate, appareil servant à fixer la tête pendant les opérations qu'on pratique sur les enfants. 1860. (*Bulletin général de thérapeutique.*)

104. — Tumeur sous-congéniale causée par deux cils logés sous la conjonctive oculaire, après l'avoir traversée. 1861. (*La France médicale.*)

105. — Sur une espèce particulière de délire sénile qui survient quelquefois après l'opération de la cataracte. 1863. (*Union médicale*).

106. — Tumeur fibreuse cloisonnée (cystoscarcôme de Virchow), très-volumineuse de l'orbite droite, ayant déplacé et atrofié le globe. Extirpation de celui-ci et de la tumeur. Guérison. 1865. (*Annales d'oculistique.*)

107. — Lettre sur les indications de l'iridectomie et sa valeur thérapeutique. 1866.

108. — De l'Enucléo-extirpation du globe, méthode mixte...., avec une observation de mélanose oculaire. 1867. (*Gazette médicale de Paris.*)

109.—Considérations sur les kystes pierreux ou calcaires des sourcils. 1867. (*Annales d'oculistique.*)

110. — Du relâchement de la conjonctive, 1867. (*Abeille médicale.*)

111. — Notice historique sur l'opération de la cataracte par la méthode de succion ou de l'aspiration. 1868. (*Archiv für Ophthalmologie*, publiées par M. de Graefe.)

112. — Considérations sur l'usage et l'abus des préparations mercurielles, surtout dans les affections inflammatoires. 1846. — (*Revue médicale.*)

113. — Note sur un rapport remarquable entre le pigment des poils et de l'iris, et la faculté de l'ouïe chez certains animaux. 1847. (*Annales des sciences naturelles*, 3e série, zool., t. VIII.)

114. — Observations d'un cristallin pétrifié, extrait sur le vivant. 1844. (*Gazette des hôpitaux.*)

C. TRAVAUX DIVERS RELATIFS A L'HISTOIRE DE LA MÉDECINE, A L'ARCHÉOLOGIE MÉDICALE, ETC.

115. — Cinq cachets inédits de médecins oculistes romains. *Paris*, 1845, in-8° (publié d'abord dans la *Gazette médicale*, 1845). — Traduction allemande, par Leuthold. (*Journal de chirurgie de Walther et Ammon*, 1845.)

116. — Nouveau recueil de pierres sigillaires d'oculistes romains, pour la plupart inédites. *Paris*, 1866, in-8°. (Extrait des *Annales d'oculistique*.)

117. — Poème grec inédit attribué au médecin Anglaïas, publié d'après un manuscrit de la bibliothèque royale de France. *Paris*, 1846. (Publié d'abord dans la *Revue de Philologie*, 1866.)

118. — Compte-rendu et Analyse, par M. Sichel, de l'opuscule suivant : *Alii Ben-Isa Monitorii oculariorum specimen*, edidit Car.-Aug. Hille *Dresde*. 1845. (*Annales d'oculistique*, 1847. — *Journal asiatique*, 1867.)

119. — Recherches historiques sur l'opération de la cataracte par succion ou par aspiration. 1847. (*Annales d'oculistique*.)

120. Du traitement chirurgical des granulations palpébrales exposé dans un des livres hippocratiques. 1859. (*Annales d'oculistique*, Extrait du t. IX de l'édition d'*Hippocrate* de Littré.)

121. — Note complémentaire sur le même sujet. 1861. (*Annales d'oculistique*. — *Hippocrate* de Littré.)

122. — ΠΕΡΙ ΟΨΙΟΣ, *Hippocrate*, de la Vision. (T. IX de l'*Hippocrate* de Littré.)

123. — *Historiae Phthiriasis internae verae fragmentum*, Berlin, 1825, in-8°. (Esquisse citée par Burdach, dans sa *Physiologie*, et par Moquin-Tandon, dans sa *Zoologie médicale*.) (Fragment d'une Monographie dont tous les matériaux sont réunis et presque rédigés.)

D. TRAVAUX RELATIFS A L'ARCHÉOLOGIE PURE.

124. Description d'une pierre gravée, avec des recherches sur les *Divalia* et les *Angeronalia* des Romains. *Paris*, 1847, in-8° et pl. (Extrait de la *Revue archéologique*, 1846, 1847.)

125. — Recherches complémentaires sur la déesse Angérone et son culte chez les Romains. 1847. (Extrait de la *Revue archéologique*.)

126. — Résumé des recherches sur la déesse Angérone et son culte chez les Romains. (Lu à la session de juin 1867, du Congrès scientifique de France, et inséré dans ses mémoires.)

Sichel a laissé parmi ses manuscrits :

1° *Monographie sur les caries de l'orbite.* (Ouvrage entièrement terminé.)

2° Une foule de notes précieuses pour l'art de l'oculiste.

DESCRIPTION

DE

DIVERSES ESPÈCES NOUVELLES DE COLÉOPTÈRES

Par E. Mulsant et Cl. Rey.

Présentée à la Société Linnéenne de Lyon, le 14 juin 1869.

Homalota filum. M. et R.

Elongata, linearis, subdepressa, tenuitèr griseo-pubescens, subnitida, subtilissimè vix punctulata, rufo-testacea, capite abdominisque, segmentorum 3 et 4 basi nigro-piceis. Caput pronoto vix angustius; hoc transversim suborbiculato, postice latè triangularitèr impresso. Elytra depressa, pronoto pauló longiora. Abdomen subparallelum, densiùs pubescens, subopacum.

Long. 0016 (3/4 l.); = Long. 0,00035 (1/6 l.)

Corps allongé, linéaire, subdéprimé; d'un roux testacé assez brillant, avec la tête et la base des 3e et 4e segments de l'abdomen d'un noir de poix; revêtu d'une très-fine pubescence déprimée, grisâtre, assez serrée.

Tête à peine moins large que le prothorax, très-finement pubescente; très-finement et obsolètement pointillée; d'un noir ou d'un brun de poix un peu brillant. *Front* subdéprimé. *Parties de la bouche* d'un roux testacé.

Yeux subarrondis, noirs.

Antennes à peine aussi longues que la tête et le prothorax réunis; à peine plus épaisses vers leur extrémité; très-finement pubescentes et légèrement sétosellées; d'un roux testacé avec la base à peine plus

BIBLIOTHÈQUE R.F. IMPRIMÉS

claire ; le 1er article assez allongé, à peine épaissi ; le 2e suballongé, obconique, à peine moins long que le 1er ; le 3e oblong, obconique, beaucoup moins long que le 2e ; le 4e subglobuleux ; le 5e à peine, les 6e et 10e sensiblement transverses ; le dernier grand, courtement ovalaire, subacuminé au sommet.

Prothorax subtransverse, suborbiculaire, à peine plus étroit que les élytres ; faiblement arqué au sommet, sur les côtés et à la base, avec tous les angles obtus et arrondis, les antérieurs infléchis ; légèrement ou à peine convexe ; creusé au-devant de l'écusson d'une large impression prolongée jusqu'au milieu du disque en forme de triangle oblong ; très-finement pubescent ; très-finement, très-densement et obsolètement pointillé ; d'un roux testacé assez brillant.

Ecusson à peine pointillé, roux.

Élytres presque carrées un peu plus longues que le prothorax, subparallèles, déprimées ; à peine pubescentes ; très-finement et très-densement pointillées ; d'un roux testacé avec la région scutellaire un peu rembrunie. *Épaules* subarrondies.

Abdomen allongé, à peine plus étroit à sa base que les élytres ; trois fois plus prolongé que celles-ci ; subparallèle sur ses côtés ou à peine atténué postérieurement ; déprimé vers sa base, subconvexe en arrière ; très-finement et densement pubescent ; très-finement et densement chagriné ; d'un roux mat ou très-peu brillant, avec la base des 3e et 4e segments assez largement rembrunis : le 5e beaucoup plus développé que les précédents.

Dessous du corps assez convexe, très-finement pubescent, très-finement pointillé, d'un roux peu brillant avec la base des 3e et 4e arceaux du ventre largement rembrunis.

Pieds peu allongés, finement pubescents, testacés ou d'un roux testacé, ainsi que les hanches.

Patrie. La Provence. Très-rare.

Obs. Cette espèce se distingue à peine des variétés pâles de l'*Homalota analis*. Cependant elle est plus allongée, plus étroite, plus linéaire, plus déprimée et moins brillante. Le 4e article des antennes est moins court ; l'impression de la base du prothorax est plus prolongée et plus accusée ; les élytres paraissent un peu plus longues, etc.

Lithocharis gracilis. M. et R.

Elongata, linearis, subdepressa, setosella, nitida, rufotestacea, abdomine (ano excepto) obscuro. Caput pronoto paulò latius, sparsim fortiùs punctatum. Antennæ breves. Prothorax oblongus, densiùs punctatus, lineâ mediâ lævi. Elytra depressa, pronoto breviora, crebrè subtilius punctata. Abdomen convexum, confertim obsoletè punctulatum, pube subtili vestitum.

Long. 0,0033 (1 l. 1/2). — Larg. 0,0004 (1/5 l.).

Corps allongé, linéaire, subdéprimé, d'un roux testacé brillant, éparsement sétosellé, avec l'abdomen obscur et très-finement et densement pubescent.

Tête un peu plus large que le prothorax; éparsement sétosellée; assez fortement et éparsement ponctuée; d'un roux testacé brillant. *Front* subdéprimé. *Parties de la bouche* testacées avec les *mandibules* plus foncées.

Yeux arrondis, d'un noir profond.

Antennes beaucoup plus courtes que la tête et le prothorax réunis; subfiliformes ou à peine plus épaisses vers leur extrémité; très-finement pubescentes et assez fortement sétosellées; entièrement d'un roux testacé; à 1er article allongé, subépaissi ; le 2e assez court : le 3e oblong, un peu plus long que le 2e : les 4e à 10e graduellement à peine plus courts : le dernier obovalaire, acuminé au sommet.

Prothorax oblong, un peu plus large en avant que les élytres ; un peu rétréci en arrière; droit sur les côtés; obtusément tronqué à la base et au sommet, avec tous les angles infléchis, subobtus et subarrondis; peu convexe; assez brièvement sétosellé ; assez densement ponctué sur les côtés, avec un espace longitudinal lisse et assez large sur son milieu ; d'un roux testacé brillant.

Écusson d'un roux brillant.

Élytres en carré à peine plus long que large; sensiblement plus courtes que le prothorax ; subparallèles ; presque déprimées ; éparsement sétosellées sur les côtés; densement, assez finement et subrugueusement ponctuées; d'un roux testacé brillant. *Épaules* arrondies.

Abdomen allongé, à peine plus étroit à sa base que les élytres; quatre fois plus prolongé que celles-ci; arcuément subélargi vers son dernier tiers: convexe sur le dos; finement et densement pubescent et en outre éparsement sétosellé; très-finement densement et obsolètement pointillé; obscur et un peu brillant, avec le sommet largement et les intersections des premiers segments étroitement roussâtres.

Dessous du corps d'un roux-testacé brillant avec le médipectus et le ventre d'un noir de poix. *Celui-ci* convexe, finement pubescent, éparsement sétosellé, finement ponctué, avec le sommet largement et les intersections plus étroitement roussâtres.

Pieds peu allongés, finement pubescents, obsolètement pointillés, d'un roux testacé clair.

Patrie. La Lozère.

Obs. Elle est plus déprimée et plus étroite que la *Lithocharis melanocephala*. La tête et les élytres sont d'une couleur plus claire, avec celles-ci plus courtes. Le prothorax, un peu plus oblong, est un peu plus densement ponctué sur les côtés, avec les angles un peu moins obtus et moins arrondis.

Stenus sulcatulus. M. et R.

Subelongatus, levitèr convexus, albido vix pubescens, crebrè, fortiùs punctatus, parùm nitidus, niger, palporum articulo primo testaceo. Caput fronte haud impressâ, utrinque obsoletè sulcatâ. Prothorax suboblongus, medio subtilitèr canaliculatus. Elytra thorace paulò longiora, vix inæqualia. Abdomen subtiliùs crebè punctatum.

Long. 0,0027 (1 l. 1/4). — Larg. 0,0007 (1/3 l.).

Corps suballongé, légèrement convexe, fortement et densement ponctué; d'un noir peu brillant; revêtu d'une fine pubescence blanchâtre, couchée, très-courte, peu serrée et peu distincte.

Tête, les yeux compris, beaucoup plus large que le prothorax; à peine pubescente, fortement et densement ponctuée; d'un noir peu brillant. *Front* non excavé, à peine convexe sur son milieu, obsolètement sillonné de chaque côté. *Palpes maxillaires* noirs, à 1er article testacé.

Yeux subarrondis, noirs.

Antennes courtes, un peu plus longues que la tête; finement pubescentes, entièrement noires; les deux premiers articles oblongs, sensiblement épaissis : les suivants allongés, grêles : le 3e un peu plus long que les suivants : le 8e assez court, subglobuleux : les 9e à 11e épaissis et formant une massue ovale-oblongue : le dernier très-courtement ovalaire, subacuminé.

Prothorax suboblong, un peu plus étroit que les élytres, tronqué au sommet et à sa base, sensiblement arqué en avant sur les côtés, visiblement rétréci en arrière, légèrement convexe; finement et distinctement canaliculé sur sa ligne médiane; à peine pubescent, densement et assez fortement ponctué, d'un noir peu brillant.

Écusson ruguleux, noir.

Elytres suboblongues, un peu plus longues que le prothorax; légèrement convexes; subdéprimées sur la suture derrière l'écusson; à peine pubescentes, densement et assez fortement ponctuées, d'un noir peu brillant; offrant vers le milieu des côtés et vers celui de la base une impression obsolète. *Epaules* assez saillantes, arrondies.

Abdomen suballongé, un peu plus étroit à sa base que les élytres; deux fois plus prolongé que celles-ci, à peine atténué postérieurement; subcylindrique, assez fortement convexe sur le dos; très-légèrement pubescent; densement ponctué avec la ponctuation plus fine et beaucoup moins profonde que celle du prothorax; d'un noir assez brillant.

Dessous du corps finement pubescent, assez densement ponctué, d'un noir brillant. *Métasternum* déprimé sur son milieu, plus fortement ponctué que le ventre, offrant en arrière une fossette ponctiforme profonde.

Pieds suballongés, finement pubescents, finement pointillés, d'un noir assez brillant, avec les tibias et les tarses à peine moins foncés.

Patrie. Cette espèce se rencontre dans le Beaujolais où elle est assez rare.

Obs. Elle diffère du *Stenus buphthalmus* par son prothorax canaliculé sur son milieu; du *stenus canaliculatus* par son front plus large et subsillonné sur les côtés, par son prothorax un peu moins court et moins étroit, et par ses élytres plus inégales.

Stenus cavifrons. M. et R.

Elongatus, subconvexus, densius albido-pubescens, crebrè punctatus, subnitidus, plumbeo-niger, antennarum medio palpisque testaceis, tarsis rufo-piceis. Caput fronte convexâ, utrinque profundiùs impressâ. Pronotum subcylindricum, oblongum, vix impressum. Elytra subdepressa, pronoto sesqui ferè longiora. Abdomen subcylindricum.

Long. 0,0034 (1 l. 1/2). — Larg. 0,0007 (1/3 l.).

Corps allongé, subconvexe, densement et assez profondement ponctué ; d'un noir plombé assez brillant ; revêtu d'une fine pubescence argentée, couchée et serrée.

Tête, les yeux compris, beaucoup plus large que le prothorax ; légèrement pubescente ; densement et assez profondement ponctuée ; d'un noir plombé assez brillant.

Front convexe sur son milieu, creusé de chaque côté d'un sillon longitudinal profond. *Mandibules* rousses. *Palpes maxillaires* testacés, à 3e article un peu rembruni à son sommet.

Yeux subovalairement arrondis, noirs.

Antennes courtes, un peu plus longues que la tête, très-finement pubescentes ; testacées avec le 1er article noir et la massue obscure ou brunâtre ; les 1er et 2e articles oblongs, sensiblement épaissis : les 3e à 6e grêles, allongés : le 3e un peu plus long que les suivants : les 7e et 8e plus épais et assez courts : les 9e à 11e épaissis, formant une massue oblongue : le dernier subglobuleux ou très-courtement ovalaire, obtusément acuminé.

Prothorax oblong, beaucoup plus étroit que les élytres ; tronqué au sommet et à la base ; subcylindrique ou à peine arqué sur les côtés ; subconvexe, à peine impressionné latéralement sur son disque ; densement pubescent et assez fortement ponctué ; d'un noir plombé assez brillant.

Ecusson d'un noir plombé.

Elytres oblongues presque une fois et demie aussi longues que le prothorax ; subdéprimées ; densement pubescentes ; assez fortement et densement ponctuées : d'un noir plombé assez brillant ; offrant vers la suture une impression longitudinale sensible et une autre sur le disque derrière les épaules. *Celles-ci* saillantes, étroitement arrondies.

Abdomen allongé, plus étroit à sa base que les élytres, plus de deux fois plus prolongé que celles-ci; subcylindrique, subatténué postérieurement; densement pubescent; densement et assez finement ponctué; d'un noir plombé assez brillant.

Dessous du corps convexe, finement et densement pubescent ; assez finement et densement ponctué; d'un noir plombé assez brillant. *Métasternum* subdéprimé et finement canaliculé sur sa ligne médiane.

Pieds assez allongés, finement pubescents, d'un noir subplombé assez brillant, avec les tarses d'un roux-de poix testacé.

Patrie. Les montagnes du Beaujolais, aux bords des mares.

Obs. Avec les mêmes distinctions des ♂, cette espèce est pourtant un peu moindre et un peu plus densement pubescente que le *Stenus subimpressus*. Le front est plus convexe sur son milieu, plus profondément sillonné sur les côtés. Le prothorax est plus cylindrique, moins déprimé et plus égal ; mais, au contraire, les élytres sont plus inégales ou plus visiblement impressionnées sur leur disque.

Bledius obscurus. M. et R.

Elongatus, levitèr convexus, parce flavo-pubescens, parum nitidus, niger, ore, antennarum basi pedibusque testaceis, elytris fusco-castaneis, ano piceo. Caput pronotumque subopaca, parcè punctata ; hoc tenuitèr canaliculato, angulis posticis obtusissimis. Elytra thorace sesqui longiora, crebrè punctata. Abdomen parcè punctatum.

Long. 0^m,0034 (1 l. 1/2). — Larg. 0^m,0010 (1/2 l.).

Corps allongé, légèrement convexe, obscur et peu brillant; revêtu d'une fine pubescence d'un blond cendré, couchée et peu serrée.

Tête, les yeux compris, aussi large que le prothorax ; à peine pubescente; finement chagrinée et éparsement ponctuée; d'un noir subopaque. *Front* longitudinalement impressionné de chaque côté, offrant parfois sur le vertex une petite fossette ponctiforme. *Parties de la bouche* longuement ciliées, testacées.

Yeux arrondis, noirs.

Antennes courtes, un peu plus longues que la tête; sensiblement épaissies vers leur extrémité; finement pubescentes et assez fortement sétosellées; d'un roux brunâtre avec les 3 ou 4 premiers articles testacés; le 1er très-allongé: les 2e et 3e obconiques; celui-ci beaucoup plus court que le précédent : les 4e à 10e graduellement plus courts et plus épais : le dernier assez grand, courtement ovalaire, obtusément acuminé.

Prothorax subtransverse; tronqué à la base et au sommet, avec les angles antérieurs infléchis et presque droits; à peine arqué sur les côtés; un peu moins large dans son milieu que les élytres; fortement rétréci en arrière, avec les angles postérieurs très-obtus et subarrondis; légèrement convexe; éparsement pubescent; finement chagriné et en outre assez grossièrement mais légèrement et éparsement ponctué; d'un noir presque mat.

Ecusson obsolètement chagriné, d'un brun de poix peu brillant.

Elytres en carré long, subparallèles, un peu plus d'une fois et demie aussi longues que le prothorax; déhiscentes et arrondies à leur angle sutural; faiblement convexes; éparsement pubescentes; densement ponctuées, avec la ponctuation bien moins grossière que celle du prothorax; d'un châtain plus ou moins foncé et un peu brillant, passant parfois au testacé. *Epaules* assez saillantes, étroitement arrondies.

Abdomen assez allongé, un peu moins large à sa base que les élytres, 1 fois et 1/2 plus prolongé que celles-ci; subparallèle sur ses côtés ou rétréci seulement près du sommet; subconvexe; éparsement sétosellé; finement chagriné et en outre très-lâchement ponctué; d'un noir assez brillant avec le segment anal d'un roux de poix.

Dessous du corps convexe, éparsement pubescent, d'un noir de poix brillant avec le sommet du ventre d'un roux brunâtre. *Métasternum* presque lisse sur son milieu. *Ventre* distinctement et éparsement sétosellé, à ponctuation subrâpeuse et peu serrée.

Pieds assez courts, finement et éparsement pubescents, avec la pubescence assez longue et subredressée; entièrement testacés.

Patrie. Les environs de Lyon, aux bords de la Saône.

Obs. Cette espèce se distingue du *Bledius pallipes* par une taille un peu moindre, par les angles postérieurs du prothorax plus obtus et subarrondis, par ses élytres d'une couleur moins foncée, et par son abdomen encore plus lâchement ponctué.

Trogophlaeus despectus. M. et R.

Subelongatus, convexus, tenuissimè griseo-pubescens, subtiliter confertim punctulatus, subnitidus, niger, ore et antennarum basi piceis, geniculis tarsisque testaceis. Caput pronoti vix latitudine. Antennæ breves. Thorax haud transversus ; elytris hoc paulo longioribus. Abdomen convexum.

Long. 0m,0014 (2/3 l.). — Larg. 0m,0004 (1/5 l.).

Corps suballongé, assez convexe, finement et densement pointillé, d'un noir assez brillant; revêtu d'une très-fine et courte pubescence cendrée.

Tête, les yeux compris, à peine aussi large que le prothorax, à peine pubescente, très-finement et très-densement pointillée, d'un noir assez brillant. *Front* subconvexe, à peine biimpressionné en avant. *Parties de la bouche* d'un brun de poix roussâtre.

Yeux subarrondis, noirs, à facettes souvent micacées.

Antennes sensiblement plus courtes que la tête et le prothorax réunis; légèrement épaissies vers leur extrémité; très-finement pubescentes et à peine sétosellées; brunâtres avec les 2 ou 3 premiers articles un peu moins foncés: le 1er assez allongé, subépaissi: le 2e oblong, sensiblement épaissi: le 3e plus court: les 4e à 8e courts: les 9e et 10e plus épais, transverses; le dernier grand, courtement ovalaire.

Prothorax aussi long que large en avant; un peu plus étroit que les élytres; largement tronqué au sommet, avec les angles antérieurs fortement infléchis et subobtus; sensiblement arqué antérieurement sur les côtés; fortement rétréci en arrière, avec les angles postérieurs très-obtus et arrondis; subtronqué à sa base; assez convexe; presque uni ou à impressions très-obsolètes; à peine pubescent; très-finement et très-densement pointillé; d'un noir assez brillant.

Ecusson à peine distinct, noir.

Elytres presque carrées, un peu plus longues que le prothorax ; subparallèles ; subconvexes ; très-finement pubescentes ; finement et densement pointillées avec la ponctuation un peu moins fine et un peu moins serrée que celle du prothorax ; d'un noir assez brillant. *Epaules* saillantes, étroitement arrondies.

Abdomen peu allongé, à peine plus étroit à sa base que les élytres ; à peine 2 fois plus prolongé que celles-ci ; à peine arqué sur les côtés ; convexe sur le dos ; très-finement pubescent ; très-finement, très-densement et subobsolètement pointillé ; d'un noir assez brillant.

Dessous du corps assez convexe, finement pubescent ; très-finement et très-densement pointillé ; d'un noir assez brillant.

Pieds assez courts, très-finement pubescents, brunâtres, avec les genoux et les tarses testacés, ainsi que les hanches antérieures et intermédiaires.

Patrie. Les environs de Lyon.

Obs. Cette espèce ressemble beaucoup au *Tr. exiguus*. Er. ; mais elle a les antennes un peu moins obscures à leur base, le prothorax un peu plus long, les élytres un peu plus courtes et un peu plus convexes. La tête est aussi un peu moins large, avec le front moins convexe et plus obsolètement impressionné sur les côtés.

Thinobius brevicollis. M. et R.

Elongatus, linearis, subdepressus, subtilissimè griseo-pubescens, tenuissimè punctulatus, parùm nitidus, testaceus, oculis nigris, abdomine fusco. Caput pronoto latius. Antennæ elongatæ, apicem versus sensim incrassatæ. Pronotum breve ; elytris hoc vix duplo longioribus. Abdomen apice læve.

Long. 0^m,0021 (1 l.). — Larg. 0^m,0004 (1/5 l.).

Corps allongé, linéaire, subdéprimé peu brillant, testacé avec l'abdomen obscur ; revêtu d'un très-léger duvet grisâtre, très-court, couché et très-serré.

Tête grande, un peu plus large que le prothorax, déprimée, très-finement pubescente, très-finement et très-densement pointillée, d'un testacé un peu roussâtre. *Cou* lisse et brillant. *Parties de la bouche* testacées.

Yeux petits, subovalaires, très-noirs.

Antennes assez robustes, beaucoup plus longues que la tête et le prothorax réunis; sensiblement et graduellement épaissies vers leur extrémité; très-finement pubescentes; entièrement testacées; à 1er article fortement renflé: le 2e oblong, obconique: les 3e à 10e plus courts, submoniliformes mais graduellement plus épais : le dernier ovale-oblong, mousse au sommet.

Prothorax court, en forme de carré fortement transverse; un peu moins large que les élytres; un peu plus étroit en arrière; tronqué au sommet; légèrement arrondi sur les côtés et à la base, avec tous les angles subobtus; subdéprimé; très-finement pubescent; très-finement, très-densement et obsolètement pointillé; d'un testacé un peu roussâtre et peu brillant.

Ecusson très-finement pointillé; d'un roux peu brillant.

Elytres oblongues, subparallèles, à peine 2 fois aussi longues que le prothorax; distinctement et subarcuément tronquées à leur angle sutural; déprimées; très-finement pubescentes; très-densement, très-finement et obsolètement pointillées; d'un testacé livide et mat, à peine rembrunies vers l'écusson. *Epaules* assez saillantes, étroitement arrondies.

Abdomen allongé, presque aussi large à sa base que les élytres; à peine 2 fois plus prolongé que celles-ci; à peine et subarcuément élargi avant son extrémité; subconvexe; très-finement et densement pubescent; très-finement chagriné; obscur et mat, avec l'extrémité du 5e segment et les suivants noirs, lisses, glabres et brillants.

Dessous du corps obscur.

Pieds assez allongés, finement pubescents; testacés.

Patrie. Cette espèce a été prise aux environs de Lyon, près d'Oullins, parmi les débris charriés par les eaux du Rhône.

Obs. Elle est remarquable par sa taille plus grande que dans les autres espèces, et surtout par ses antennes plus robustes, submoniliformes et sensiblement épaissies vers leur extrémité.

Thinobius minor. M. et R.

Elongatus, linearis, depressus, subtilissimè griseo-pubescens, vix punctulatus, opacus, fusco-castaneus, abdomine obscuriore, antennarum basi pedibusque testaceis. Caput pronoti latitudine. Antennæ graciles, subfiliformes, articulis 3, 4 et 7 brevibus. Pronotum perbreve : elytris hoc plus duplo longioribus. Abdomen subtilitèr alutaceum.

Long. 0^m,0011 (1/2 l.). — Larg. 0^m,0035 (1/6 l.).

Corps allongé, linéaire, déprimé, d'un châtain obscur et mat, avec l'abdomen plus foncé; revêtu d'un très-léger duvet cendré et comme pruineux.

Tête grande, de la largeur du prothorax, déprimée, obsolètement biimpressionnée en avant, très-finement chagrinée, d'un châtain obscur et mat. *Parties de la bouche* testacées.

Yeux médiocres, subarrondis, noirs, à facettes grossières et micacées.

Antennes grêles, subfiliformes, à peine plus longues que la tête et le prothorax réunis; très-finement pubescentes et à peine sétosellées; d'un testacé obscur avec le 1er ou les deux 1ers articles pâles : le 1er assez allongé, en massue : le 2e beaucoup moins long, obconique : les 3e et 4e courts : le 5e moins court : le 6e plus petit et plus grêle que le précédent et que le suivant : les 7e à 10e assez courts, subtransverses : le dernier plus grand, obtus et distinctement cilié au sommet.

Prothorax fortement transverse; largement tronqué en avant, avec les angles antérieurs à peine obtus; un peu plus étroit que les élytres; sensiblement rétréci en arrière; légèrement arrondi sur les côtés et à la base en même temps que les angles postérieurs; déprimé; très-finement chagriné; d'un châtain obscur et mat.

Écusson très-finement chagriné, d'un châtain mat.

Élytres oblongues, parallèles, plus de deux fois aussi longues que le prothorax; déhiscentes et arcuément tronquées à leur angle sutural; tout à fait déprimées; très-finement chagrinées; d'un châtain mat.

plus ou moins livide et un peu plus clair que la tête et le prothorax, parfois à peine rembruni autour de l'écusson.

Abdomen assez court, aussi large à sa base que les élytres, à peine une fois plus prolongé que celle-ci ; à peine plus large en arrière ; déprimé à sa base, subconvexe postérieurement ; très-finement pubescent ; finement chagriné ; obscur et mat, avec chaque intersection d'un blanc argenté : le 5e segment plus grand que les autres, plus noir et un peu brillant dans sa dernière moitié.

Dessous du corps très-finement pubescent, finement chagriné, d'un châtain obscur avec le ventre plus foncé.

Pieds très-finement pubescents, d'un testacé livide.

Patrie : Les environs de Lyon, dans le sable humide.

Obs. Cette espèce est un peu plus petite et plus déprimée que le *Thinobius delicatulus*. Elle a les antennes moins épaisses vers l'extrémité et à articles moins moniliformes. Le prothorax est aussi un peu plus court. Elle diffère du *Thinobius brunneipennis* par sa couleur moins foncée, par sa tête et son prothorax plus déprimés, avec celle-là plus grande et plus large.

Lesteva major. M. et R.

Oblonga, subconvexa, tenuitèr griseo-pubescens, subtiliùs crebrè punctata, nitida, nigra, ore piceo-testaceo, antennis pedibusque rufo-brunneis, tarsis dilutioribus. Pronotum subcordatum, angulis posticis rectis ; elytris hoc duplo longioribus.

Long. 0m,0043 (2 l.). — Larg. 0m,0015 (3/4 l.).

Corps oblong, subconvexe, d'un noir brillant ; revêtu d'une fine pubescence grise, couchée et serrée.

Tête un peu moins large que le prothorax, finement pubescente, densement et assez fortement ponctuée d'un noir assez brillant. *Front* fortement et longitudinalement impressionné de chaque côté. *Labre* lisse, d'un noir de poix brillant, longuement cilié en avant. *Parties de la bouche* d'un roux de poix testacé.

Yeux subarrondis, noirs, brièvement pubescents.

Antennes un peu plus longues que la tête et le prothorax réunis; assez grêles, à peine plus épaisses vers leur sommet; finement pubescentes; d'un roux-brunâtre avec le 1er article plus foncé; celui-ci subépaissi en massue subcylindrique: les suivants obconiques, suballongés ou oblongs: le dernier ovale-oblong, acuminé au sommet.

Prothorax à peine aussi long que large antérieurement; tronqué au sommet et à la base; subcomprimé latéralement; fortement arrondi en avant sur les côtés en même temps que les angles antérieurs; fortement et sinueusement rétréci en arrière où il est une fois moins large que les élytres prises ensemble, avec les angles postérieurs droits; subconvexe; finement pubescent; densement mais un peu moins fortement ponctué que la tête; d'un noir assez brillant; marqué de deux impressions longitudinales obsolètes, et en avant sur son milieu d'une fossette oblongue et légère.

Écusson finement ponctué; d'un noir assez brillant.

Élytres plus de trois fois aussi longues que le prothorax; un peu plus larges en arrière; à angle sutural subémoussé; à peine convexes; finement pubescentes; assez finement et densement ponctuées; entièrement d'un noir brillant.

Épaules saillantes, arrondies.

Abdomen subconvexe, très-finement et très-densement pubescent: très-finement et très-densement pointillé, d'un noir brillant.

Dessous du corps assez convexe; très-finement pubescent; finement et densement ponctué, avec les prosternum et mésosternum plus fortement et rugueusement; d'un noir brillant.

Pieds allongés, très-finement pubescents; très-finement pointillés; d'un roux obscur ou brunâtre, avec le sommet des tibias et les tarses plus clairs ou d'un roux de poix testacé.

Patrie: Cette espèce se trouve, mais très-rarement, au Mont-Pilat (Loire).

Obs. Elle est un peu plus grande que la *Lesteva bicolor* dont elle a le port. Elle a le prothorax plus profondément sinué sur les côtés. La ponctuation de ce segment, ainsi que celle des élytres est un peu moins forte, sans être pourtant aussi fine que chez la *Lesteva pubescens*. Elle diffère, du reste, de celle-ci par ses élytres un peu plus longues et moins élargies en arrière.

Cerylon forticorne, M. et R,

Oblongum, leviter convexum, glabrum, nitidum, nigrum, ore antennis pedibusque rufis. Caput subtiliter punctulatum, antennis crassis. Pronotum subquadratum, fortiùs parcè punctatum, basi biimpressum. Elytra leviter striato-punctulata.

Long. 0m,0023 (1 l.). — Larg. 0m,0011 (1/2 l.).

Corps oblong, légèrement convexe, d'un noir brillant, glabre.

Tête beaucoup plus étroite que le prothorax, glabre, finement et assez densement pointillée, d'un noir de poix brillant mais devenant roussâtre antérieurement. *Front* subconvexe. *Épistome* échancré et éparsement cilié en avant. *Labre* roussâtre. *Palpes* épais, d'un roux vif.

Antennes assez courtes, atteignant à peine la moitié du prothorax; épaisses; finement ciliées; d'un roux ferrugineux avec le bouton un peu plus clair et fortement sétosellé; le 1er article très-fortement renflé en triangle: les 2e à 9e forment une tige épaisse: le 2e beaucoup plus étroit que le 1er, très-court: le 3e moins court: les 4e à 7e très-courts, fortement contigus: les 8e et 9e un peu plus épais et un peu moins courts: les deux derniers formant un bouton très-gros et courtement ovalaire: le dernier beaucoup moins grand que le pénultième, obtus au sommet.

Prothorax presque carré, à peine plus longs que large; subitement rétréci en avant; échancré au sommet avec les angles antérieurs proéminents et aigus; presque droit sur les deux derniers tiers de ses côtés; un peu moins large en arrière que les élytres; légèrement bissinué à sa base avec les angles postérieurs droits; légèrement convexe; sensiblement impressionné de chaque côté vers les sinus; glabre, assez fortement et éparsement ponctué; d'un noir de poix brillant.

Écusson glabre, lisse, d'un noir brillant.

Elytres oblongues, graduellement élargies jusqu'à leur premier tiers, après lequel elles se rétrécissent légèrement jusqu'avant le sommet qui est largement arrondi; très-légèrement convexes; glabres; d'un noir de poix brillant; offrant environ huit stries très-légères et très-finement pointillées, avec la suturale plus creusée, et les autres, au contraire, effacées en arrière. *Épaules* offrant en dehors un tubercule dentiforme proéminent.

Dessous du corps légèrement convexe, glabre ; assez finement ponctué avec la partie antérieure du prosternum plus fortement, et le mésosternum beaucoup plus grossièrement et plus profondément; d'un noir de poix brillant, avec l'extrémité du ventre parfois un peu roussâtre.

Pieds assez courts, brièvement et éparssement pubescents; éparsement ponctués; d'un roux brillant.

Patrie : La Suisse, la Grande-Chartreuse, sous les écorces des sapins.

Obs. Cette espèce diffère du *Cerylon histeroïdes* par une forme un peu plus large et par ses antennes à tige beaucoup plus épaisse ; du *Cerylon impressum* par ces mêmes caractères, et, en outre, par une taille plus grande et par les impressions de la base du prothorax un peu moins fortes et un peu plus restreintes.

Dasytes occiduus. M. et R.

Elongatus, levitèr convexus, nigro-æneus, nitidus, pallido-pubescens nigro-hirtus. Fronte impressâ, antennis brevioribus, intùs dentatis. Pronoto transverso, modicè punctato, angulos posticos versùs fortitèr impresso. Elytris densiùs subrugoso-punctatis.

♂ *Antennes* de la longueur de la tête et du prothorax réunis, avec les 4e à 8e articles angulairement dentés en dedans: les 9e à 10e oblongs, obconiques : le dernier en losange oblongue. *Elytres* subparallèles. *Le* 5e *arceau ventral* fortement et circulairement échancré dans le milieu de son bord postérieur, avec le fond de l'échancrure garni d'une brosse de poils courts et noirs: ses bords rugueux, et son ouverture remplie par une surface lisse et plane. *Le* 6e court, excavé sur son disque, subtronqué ou à peine sinué à son sommet.

♀ *Antennes* sensiblement plus courtes que la tête et le prothorax réunis, avec les 4e à 10e articles obtusément dentés en dedans : les 9e à 10e en triangle subéquilatéral : le dernier obpyriforme. *Elytres* subovalairement élargies en arrière, à pubescence couchée, moins fine, mais plus pâle, plus distincte et plus serrée que chez le ♂. *Le 5e arceau ventral* simple, presque droit ou à peine cintré à son bord postérieur. *Le* 6e aussi long que le précédent, semilunaire, subconvexe sur son disque.

Long. 0m,0044 (2 l.). — Larg. 0m,0055 (3/4 l.).

Corps allongé, légèrement convexe, assez fortement et assez densement ponctué, d'un noir bronzé brillant; revêtu d'une pubescence couchée plus ou moins apparente, plus ou moins serrée et plus ou moins pâle; et, en outre, hérissé d'une villosité assez raide, assez longue, noire et redressée, plus forte sur la tête, le prothorax et les côtés des élytres.

Tête sensiblement moins large que le prothorax; d'un noir bronzé brillant; assez fortement et assez densement ponctuée; revêtue d'une fine pubessence pâle, couchée et peu serrée, hérissée en outre de longues soies noires redressées et assez nombreuses. *Front* largement subimpressionné entre les yeux, avec les points de l'impression un peu plus serrés. *Parties de la bouche* d'un noir brillant, avec les *mandibules* d'un rouge brun avant leur pointe.

Prothorax sensiblement transverse, un peu rétréci en avant, subétranglé près du sommet; largement tronqué à celui-ci, avec les angles antérieurs infléchis, obtus et arrondis; assez fortement arqué sur les côtés; un peu moins (♀) ou sensiblement moins (♂) large en arrière que les élytres; subsinueusement tronqué dans le milieu de sa base; légèrement convexe sur son disque; offrant parfois sur le milieu de celui-ci un sillon obsolète et plus ou moins interrompu; creusé de chaque côté au devant des angles postérieurs d'une impression assez large et bien prononcée; d'un noir bronzé brillant; assez fortement et modérément ponctué, avec la ponctuation à peine plus serrée sur les côtés; revêtu d'une pubescence couchée, plus ou moins fine, plus ou moins pâle et plus ou moins serrée; hérissé en outre d'une assez forte villosité noire et redressée.

Ecusson rugueux; d'un noir bronzé.

Élytres allongées, environ quatre fois plus longues que le prothorax, plus ou moins arrondies à leur sommet; légèrement convexes sur leur disque; transversalement subdéprimées derrière l'écusson; d'un noir bronzé brillant; assez fortement, assez densement et subrugueusement ponctuées; revêtues d'une pubescence couchée, plus ou moins fine, plus ou moins pâle et plus ou moins serrée; hérissées en outre d'une villosité redressée, noire, plus longue et un peu plus fournie sur les côtés. *Calus huméral* saillant.

Dessous du corps d'un noir brillant, assez finement, densement et subaspèrement ponctué; éparsement sétosellé de soies noires; assez densement pubescent avec les poils pâles et couchés. *Métasternum* subconvexe, offrant sur sa ligne médiane un léger sillon lisse. *Ventre* assez convexe, à pubescence plus serrée que celle de la poitrine.

Pieds d'un noir brillant, légèrement ponctués. *Cuisses* revêtues d'une fine pubescence pâle et couchée, un peu plus serrée vers l'extrémité. *Tibias* finement pubescents, et en outre distinctement sétosellés surtout sur leur tranche externe. *Tarses postérieurs* un peu moins longs que les cuisses, avec *les ongles* munis en dedans à leur base d'une dent obtuse chez la ♀, saillante, mais tronquée chez le ♂.

Patrie. Cette espèce a été trouvée, dans le mois de juin, aux environs de La Rochelle, par notre ami M. Félissis-Rollin, capitaine d'artillerie. Elle se rencontre aussi dans le département de la Loire-Inférieure, et probablement dans plusieurs des provinces occidentales de la France.

Obs. Cette espèce paraît intermédiaire entre les *Dasytes alpigradus*, Kiesenwetter, et *griseus*, Küster. Elle diffère de tous deux par son prothorax moins densement ponctué près des côtés, avec l'impression des angles postérieurs plus prononcée. La ♀ n'a pas des points dénudés lisses sur les élytres, ainsi qu'on le remarque chez les ♀ du *Dasytes griseus*.

DESCRIPTION

D'UNE ESPÈCE NOUVELLE DE PENTATOMIDE

Par E. MULSANT et REY

Présentée à la Société Linnéenne le 11 juillet 1868.

Eysarcoris Mayeti.

Dessus du corps presque entièrement d'un vert bronzé sur la tête, d'un verdâtre à peine flavescent sur la seconde moitié du prothorax, plus flavescent ou moins verdâtre sur l'écusson, en majeure partie flavescent sur les cories ; marqué de points verts ou verdâtres moins rapprochés sur les derrières. Épistome à peine plus avancé que les joues. Deux derniers articles des antennes d'un flave obscur. Rebord latéral du pronotum et points calleux de l'écusson, d'un blanc flavescent : ceux-ci, petits. Postépisternum d'un vert bronzé, extérieurement bordé de blanc. Ventre ponctué ; d'un blanc flavescent ; paré sur la moitié médiane des six premiers arceaux d'une bande d'un vert bronzé ; orné d'une bande nuageuse verdâtre, entre celle-ci et les stigmates. Antennes insérées plus avant que le bord antérieur des yeux.

Long. 0^m,0056 (2 l. 1/2). — Larg. 0^m,0036 (1 l. 2/3).

Corps ovale, peu convexe.

Tête presque carrée, ou plutôt un peu rétrécie d'arrière en avant, au-devant des yeux ; subarrondie en devant ; ruguleusement ponctuée ; d'un verdâtre bronzé, avec le vertex jaunâtre et moins densement ponctué, jusqu'à la base de l'épistome.

Épistome à peine plus avancé que les joues, mais paraissant un peu saillant, par suite de la base du bec, qui est un peu relevée.

Antennes plus avancées au bord postérieur de leur insertion que le bord antérieur des yeux; pâles ou d'un blond livide sur les deux premiers articles, d'un blond nébuleux sur les deux derniers.

Pronotum élargi en ligne presque droite jusqu'aux angles latéraux; émoussé ou subarrondi à ceux-ci et débordant très-faiblement les élytres; chargé d'un calus médiocrement saillant, offrant au côté interne de celui-ci une fossette assez prononcée; munis latéralement d'un rebord rétréci d'avant en arrière, convexe, peu saillant; d'un blanc livide; plus nébuleux sur le rebord antérieur; verdâtre sur la moitié postérieure, en partie blanchâtre ou d'un blanc nébuleux sur la partie antérieure déclive; marqué de points enfoncés bruns: cicatrices transverses, en forme de ligne un peu arquée en arrière; noires ou d'un noir verdâtre.

Écusson à peine sinué vers les deux cinquièmes de ses côtés; sans tuméfaction basilaire apparente; d'un livide flavescent, avec quelques parties un peu verdâtre; marqué de points obscurs ou verdâtres, médiocrement rapprochés, à peine plus petits que ceux du prothorax; paré au côté interne de chaque stigma, d'une point calleux d'un blanc de lait, petit, en carré un peu plus long que large; à stigmas réduits à une rangée de quatre ou cinq points noirs; à peine plus longuement prolongés que le point calleux.

Cories prolongées jusqu'à l'extrémité du 4e arceau ventral; terminées en angle aigu à leur angle postéro-externe; d'un livide flavescent sur la majeure partie l'exocorie, plus verdâtre sur le reste; marqué de points enfoncés obscurs ou verdâtres.

Membrane hyaline, à quatre ou cinq nervures.

Dos de l'abdomen vert. *Tranche abdominale* de même couleur, avec une étroite bordure d'un blanc flave, laissant les intersections des segments vertes ou marquées d'un point vert.

Bec prolongé jusqu'aux hanches postérieures; d'un roux brunâtre, avec l'extrémité brune.

Dessous de la tête d'un vert métallique, ponctué.

Repli du pronotum d'un blanc flavescent, avec une tache allongée noire vers les angles latéraux.

Repli des cories d'un blanc flavescent.

Poitrine d'un blanc flavescent; marquée de points enfoncés verts, sous lesquels la couleur flavescente disparaît presque entièrement sur l'antépectus, sur le médipectus et sur les postépisternums: le postpectus, marqué au côté externe des hanches postérieures d'un espace d'un blanc flavescent, marqué de points verts peu rapprochés, et d'un blanc flavescent sans tache, au côté externe des postépisternums.

Repli de la tranche ventrale d'un blanc flavescent; noté d'un point vert ou brunâtre sur les intersections.

Ventre assez finement ponctué; à 1er arceau peu distinct; paré, sur la moitié médiane des six premiers arceaux, d'une tache d'un vert métallique, rétrécie d'avant en arrière, tronquée postérieurement et atteignant à peine le bord postérieur du 6e arceau; d'un blanc flavescent sur les côtés et offrant de chaque côté, entre la tache d'un vert métallique et les stigmates une trace nuageuse verdâtre.

Pieds d'un livide flavescent.

Cuisses marquées de points bruns ou vert peu serrés, offrant un demi-anneau de même couleur, sur les deux tiers de leur côté antérieur.

Tibias plus sensiblement garnis de poils blancs.

Tarses souvent obscurs à l'extrémité des articles.

Cette espèce a été trouvée dans les Pyrénées, par M. Valéry Mayet. Nous la lui avons dédiée.

Obs. Elle s'éloigne de l'*E. melanocephalus* par son ventre d'un blanc flavescent sur chaque quart externe environ de sa largeur; de l'*E. perlatus* par son ventre non paré de trois bandes longitudinales bronzées ou noirâtres. Elle a plus d'analogie avec l' *E. epistomalis;* mais elle s'en distingue par les antennes insérées plus avant que le bord antérieur des yeux; par sa tête peu marquée d'un petit point calleux blanc au côté interne de ces derniers organes; par son épistome à peine plus avancé que les joues et coloré de même que celles-ci; par les deux derniers articles des antennes, d'un blond nébuleux au lieu d'être noirs ; par le prothorax verdâtre sur sa moitié postérieure, moins blanc sur l'antérieure; par l'écusson offrant au côté interne de chaque stigma, un point calleux blanc, sensiblement plus petit, etc.

DESCRIPTION

D'UNE

ESPÈCE NOUVELLE DE COCCINELLIDE

Par E. Mulsant et Godart

Lue à la Société linnéenne de Lyon, le 12 avril 1869

Hyperapis Teinturieri.

Ovalaire. Prothorax et élytres noirs : le premier, parfois sans tache, ou paré sur les côtés d'une étroite bordure d'un rouge testacé rétrécie d'avant en arrière (♀), ou paré d'une bordure jaune en devant et sur les côtés : l'antérieure, étroite : chacune des latérales liée à l'antérieure, ne dépassant pas la moitié interne de l'œil, plus étroite dans son centre qu'à ses extrémités. Élytres sans taches. Dessous du corps et pieds noirs extrémité des tibias et tarses d'un rouge flave.

Long. 0^m,0027 à 0^m,0030 (1 l. 1/4 à 1 l. 1/3. — Larg. 0^m,0022 (1 l.).

♂ Tête jaune. Prothorax paré en devant d'une étroite bordure jaune.

♀ Tête noire. Prothorax noir en devant.

Corps ovalaire ; médiocrement convexe ; moins finement ponctué sur les élytres que sur le prothorax ; d'un noir luisant, en dessus. *Antennes* d'un rouge jaune. *Prothorax* rayé au devant de la base d'une ligne légère ; un peu tronqué au devant de l'écusson ; entièrement noir ou paré sur les côtés d'une bordure d'un rouge testacé, ne dépassant pas en devant le tiers extérieur de l'œil, rétréci d'avant en arrière (♀), ou paré en devant et sur les côtés d'une bordure jaune : l'antérieure étroite: chacune des latérales liée à la bordure antérieure, ne dépassant pas la moitié externe de l'œil, soit échancrée en arc tourné en dehors à son bord interne, soit dilatée en forme de dent à ses extrémités. *Écusson* en triangle subéquilatéral, noir. *Élytres* entièrement noires (♀), ou parées d'une petite tache humérale jaune (♂). *Dessous du corps* noir; ponctué, peu pubescent. *Pieds* noirs: extrémité des tibias et tarses d'un rouge flave.

Patrie: Biskra (Algérie).

Découverte par M. le docteur Teinturier à qui nous l'avons dédiée.

Obs. Elle se distingue des espèces voisines par son corps en ovale moins court ou plus allongé; par l'étroitesse des bandes jaunes antérieures et latérales du prothorax, chez le ♂, etc.

DESCRIPTION

D'UNE

NOUVELLE ESPÈCE DE COLÉOPTÈRE

DU GENRE SOMOPLATUS

PAR

E. MULSANT & A. GODART

Présentée à la Société linnéenne de Lyon le 10 mai 1869.

Somoplatus Fulvus.

Oblong; d'un fauve testacé; subpubescent. Tête lisse, avec deux impressions longitudinales entre les antennes. Yeux noirs, arrondis, saillants. Prothorax transversal; creusé au milieu d'un sillon longitudinal; tronqué à la base, qui est marquée de deux fossettes allongées. Écusson en triangle allongé, pubescent. Élytres unies, subpubescentes.

♂ Les quatre premiers articles des tarses antérieurs légèrement dilatés.

♀ Les quatre premiers articles des tarses antérieurs simples.

Long. 0^{m},0033 à 0^{m},0045 (1 l. 1/2 à 2 l.). — Larg. 0^{m},0018 à 0^{m},0022 (3/4 à 1 l.).

Corps court, déprimé; d'un fauve testacé, un peu roussâtre sur la tête et le corselet, qui sont glabres et lisses. *Tête* assez grande, d'un tiers plus étroite que le prothorax; non rétrécie derrière les yeux; marquée entre les antennes de deux impressions oblongues. *Yeux* noirs, saillants. *Antennes* de la longueur de la tête et du prothorax réunis, pubescentes; le 1er article oblong, assez épais; les 2e et 3e de moitié plus courts que le 1er, obconiques; les 4e à 10e épais, subégaux, moniliformes; le dernier allongé, rétréci en pointe vers l'extrémité. *Prothorax* échancré en devant, subarrondi aux angles antérieurs, qui sont prononcés et avancés; finement rebordé sur les côtés; tronqué carrément à la base, avec les angles postérieurs assez saillants, presque rectangulaires ou peu aigus; de moitié moins long que large; finement canaliculé au milieu; marqué antérieurement d'un sillon transversal en forme de chevron et noté à la base de deux impressions oblongues, placées plus près du milieu que des côtés. *Écusson* en triangle allongé; pubescent. *Élytres* planes; en carré allongé; plus larges que le prothorax en avant; arrondies aux épaules; légèrement rebordées; unies et subpubescentes. *Dessous du corps* lisse, d'un testacé très-pâle; pieds allongés; cuisses sensiblement renflées; tibias antérieurs sensiblement échancrés.

Cette espèce a été prise à Marseille, courant parmi des graines d'arachide qu'on venait de décharger sur le port.

Obs. L'insecte que nous avons décrit dans les *Annales de la Société Linnéenne de Lyon* sous le nom de *Coptocephala peregina*, appartient au genre Somoplatus; il doit prendre rang après le *S. substriatus*, Dejean, dont il est voisin. Il s'en distingue facilement par la bande noire en forme de chevron, dont les élytres sont ornées.

DESCRIPTION

D'UNE

ESPÈCE NOUVELLE D'OISEAU-MOUCHE

PAR

E. MULSANT ET JULES VERREAUX

Présentée à la Société linnéenne le 9 novembre 1868.

Heliotrypha Barrali.

♂ Adulte. *Bec* noir; droit; un peu plus court que la moitié du corps, depuis la région anale jusqu'à la commissure, subcylindrique jusque près de l'extrémité où il est légèrement renflé, subcomprimé, puis rétréci en pointe. *Narines* et *scutelles* en partie emplumées. *Tête, dos, tectrices alaires* et *caudales* d'un vert luisant seulement à certain jour. *Ailes* falciformes, de largeur médiocre, d'un noir brun violacé; aussi longuement prolongées que les rectrices intermédiaires. *Dessous du corps* paré sur la gorge, le devant du cou et la partie antérieure de la poitrine, de plumes squammiformes d'un vert d'algue marine pâle: cette parure suivie sur le devant de la poitrine d'une petite bande transverse d'un roux fauve plus ou moins distincte; couvert ensuite de plumes squammiformes d'un vert brillant à certain jour, sur la partie médiane, et l'extrémité du ventre en partie roussâtre. *Rectrices sous-caudales* vertes ou verdâtres sur le disque, bordées de roussâtre.

Queue peu profondément entaillée. *Rectrices* d'un bleu d'acier, assez longuement barbées: graduellement plus longues des médiaires aux externes : celles-ci d'un cinquième plus longues que les médiaires. *Page inférieure de la queue* analogue à la supérieure.

Patrie : la Colombie.

Bec 0,020. — Ailes 0,057. — Rect. méd. 0,032. — Rect. ext. 0,040. — Corps dep. la rég. anale 0,046. — Larg. totale 0,110.

Nous devons à la complaisance de M. de la Salle, naturaliste plein de zèle, de nous avoir fourni l'occasion de décrire cette belle espèce faisant partie d'un groupe peu nombreux.

Ce bel oiseau appartient à Mme la comtesse de Barral, et nous nous faisons un plaisir de le dédier à cette noble dame.

Obs. Cette espèce se distingue facilement des *Heliotr. Parzudakii* et *viola* par la couleur de sa parure jugulaire; du *Parz.* par ses sous-caudales non blanches.

Elle a été trouvée sur les bords de la rivière de Saldana, affluent de la Magdalena, dans l'état d'Antioquia, Colombie (terres chaudes et sèches).

DESCRIPTION

D'UNE

ESPÈCE NOUVELLE D'OISEAU-MOUCHE

PAR

E. MULSANT ET JULES VERREAUX

Présentée à la Société linnéenne le 10 août 1863.

Talurania Lerchi.

♂ Adulte. *Bec* presque droit; de forme très-médiocre; faiblement et graduellement rétréci d'arrière en avant jusqu'au tiers de sa longueur, subcylindrique ensuite jusque près de l'extrémité, où il est légèrement renflé, subcomprimé, puis rétréci en pointe. *Mandibule* noire, chargée d'une arête basilaire à peine avancée jusqu'au cinquième de sa longueur. *Mâchoire* pâle à sa base, noire à l'extrémité; emplumée plus avant que l'extrémité des scutelles. *Narines* en majeure partie découvertes. *Scutelles* en partie voilées par les plumes. *Tête* revêtue jusqu'au vertex de plumes squammiformes d'un bleu brillant. *Nuque*, *cou*, *tectrices alaires* et *dos* revêtus de plumes d'un vert bleuâtre, passant au vert bronzé sur le croupion et au vert bronzé un peu cuivreux sur les tectrices caudales. *Ailes* falciformes; de largeur médiocre; d'un noir violacé; aussi longuement prolongées que les rectrices médiaires. *Queue* sensiblement entaillée; à rectrices d'un noir bleu d'acier, graduellement moins longues des externes ou subexternes aux médiaires; à barbes de médiocre largeur. *Dessous du corps* revêtu de plumes squammiformes brillantes, bleues vers la base du bec, puis d'un vert bleu ou bleuâtre jusqu'au niveau des épaules. *Épigastre* et *ventre* couverts de plumes subsquammiformes d'un vert bleu, et en partie brunes. *Région anale* hérissée d'un duvet blanc à base noires. *Tectrices sous-caudales* d'un vert luissant : les dernières violacées. *Page inférieure de la queue* analogue à la supérieure, plus luisante et de teinte un peu moins foncée.

Patrie : la Nouvelle-Grenade.

Bec 0,022. — Corps 0,045. — Ailes 0,045. — R. méd. 0,025. — R. ext. 0,030. — Long. tot. 0,103.

Obs. Cette belle espèce a la tête bleue, comme les *Th. venusta*, *colombica*, *Wagleri* et *glaucopis*. Elle s'éloigne des deux premières espèces par son ventre d'un vert d'eau ou d'un vert bleuâtre ; du *Wagleri* par sa gorge et par son cou d'un vert d'eau ou d'un vert bleuâtre, au lieu d'être d'un bleu foncé, par son ventre d'un vert bleu sur les côtés au lieu d'être d'un vert à peine bleuâtre ; par son dos d'un vert plus bleuâtre ; par ses tectrices caudales d'un bronzé cuivreux au lieu d'être d'un bleu d'acier. Elle s'éloigne du *Th. glaucopis* par sa queue peu profondément entaillée, par le dessous de son corps d'un vert bleu au lieu d'être d'un vert luisant ; par le dessous d'un vert bleu au lieu d'être d'un vert jaunâtre, etc.

Elle doit prendre place après la *Th. Wagleri*.

M. Lerch, à qui nous nous faisons un plaisir de dédier cette espèce, a habité pendant vingt ans la Nouvelle-Grenade, et y a fait de nombreuses observations scientifiques, et depuis son retour a entretenu des relations suivies avec ce pays. Nous sommes heureux de le remercier de l'empressement qu'il n'a cessé de mettre à nous communiquer les raretés qu'il reçoit des pays étrangers.

DESCRIPTION

D'UNE

ESPÈCE NOUVELLE D'OISEAU-MOUCHE

par

E. MULSANT & Jules VERREAUX

Présentée à la Société linnéenne le 9 janvier 1870.

Hylocharis Magica.

Bec à peu près droit; au moins aussi long que la moitié du corps. Mandibule et mâchoire d'un brun pâle à la base, avec l'extrémité noire. Tête d'un vert grisâtre. Dessus du corps d'un vert un peu cuivreux, luisant, passant au bleu d'acier sur les tectrices caudales. Queue un peu entaillée, à rectrices assez étroites, d'un bleu d'acier: les médiaires à subexternes ou externes grisâtres à l'extrémité: les subexternes en angle très-ouvert: les externes obliquement tronquées à l'extrémité. Dessous du corps paré sur la gorge et le cou de plumes squammiformes, brillantes, bleues, passant au vert sur la partie inférieure du devant du cou; couvert, sur le reste, de plumes squammiformes d'un vert luisant. Sous-caudales blanches.

Bec 0m,020 (10 l.). — Ailes 0m,050 à 0m,053 (22 l. à 23 l.). Rectrices médiaires 0m,025 (11 l. 1/2). — Rectrices submédiaires 0m,027 (12 l.). — Rectrices intermédiaires 0m,028 (13 l.). — Rectrices subexternes 0m,029 (13 l. 1/4). — Rectrices externes (13 l. 1/2). — Corps depuis la commissure du bec jusqu'à la région anale 0m,036 à 0m,038 (16 l. à 16 l. 3/4). — Longueur totale 0m,078 à 0m,080 (34 l. 1/2 à 35 l. 1/2).

♂ *Bec* presque droit; au moins aussi long que la moitié du corps; assez fort; subgraduellement rétreci depuis la partie antérieure des scutelles jusque près de extrémité, où il est légèrement renflé et subcomprimé, puis rétréci en pointe. *Mandibule* subdéprimée à la base; chargée d'une arête basilaire en partie visible et dénudée entre les scutelles; pâle ou d'un brun pâle à la base, avec l'extrémité noire. *Scutelles* en partie dénudés. *Narines* découvertes. *Mâchoire* pâle ou d'un brun pâle à la base, avec l'extrémité noire. *Tête* arrondie ou subarrondie; à peine marquée d'une tache pestoculaire blanche; d'un gris brun verdâtre en dessus. *Tectrices alaires* vertes, passant au vert cuivreux. *Desssus du corps* revêtu de plumes d'un vert pré, à reflets mi-doré sur le dos et le croupion, puis cuivreux violacé et passant au bleu d'acier sur les *tectrices caudales*. *Queue* un peu entaillée; à rectrices assez étroites; d'un bleu d'acier verdâtre ou d'un bleu noir verdâtre, avec l'extrémité des médiaires aux subexternes ou externes, grisâtre, et d'une manière graduellement plus courte des médiaires aux externes : les médiaires les plus courtes: les submédiaires à externes graduellement plus longues: les submédiaires en angle très-ouvert à l'extrémité: les externes obliquement tronquées à l'extrémité, graduellement un peu ples longues de leur angle interne à l'externe ou près de celui-ci. *Ailes* plus longues que les rectrices externes; falciformes, assez étroites, d'un brun violacé. *Dessous du corps* paré depuis la base du bec jusqu'à celle du cou, de plumes squammiformes, brillantes à certain jour, d'un beau bleu, passant au vert près de la base du cou, revêtu sur le reste de plumes subsquammiformes, graduellement plus longues sur le ventre, d'un vert doré luisant. *Flancs* parés d'une tache blanche, soyeuse. *Région anale* hérissée d'un duvet blanc extérieurement. *Tectrices caudales* blanches. *Page inférieure de la queue* d'un blanc d'acier verdâtre. *Pieds* noirs.

Patrie: Mazatlan (Basse-Californie).

L'*H. magica* a beaucoup d'analogie avec l'*H. cirre* et peut-être a-t-il été confondu avec celui-ci par quelques ornithologistes. Il s'en distingue par une taille plus faible; par son bec plus court; par ses tectrices alaires vertes passant aux vert cuivreux; par son dos et son croupion d'un vert cuivreux; par ses tectrices caudales en partie d'un bleu d'acier; par sa queue plus courte, plus sensiblement entaillée, à rectices sensiblement moins larges, toutes, ou à l'exception seulement des externes grisâtres à l'extrémité : les subexternes en angle très-ouvert au lieu d'être arrondies : les externes obliquement tronquées au lieu d'être arrondies à l'extrémité ; par la parure de la gorge passant du bleu au vert sur les dernières squammiformes du cou ; par le reste du dessous du corps d'un vert légèrement cuivreux mi-doré.

L'exemplaire typique existe dans la collection de Mme Édouard Verreaux.

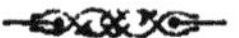

NOTICE

SUR

J.-H.-A. RAMBAUD

Lith. Fugère frères à Lyon.

BIBLIOTHÈQUE NATIONALE R.F.

RAMBAUD, (Joseph-Hugues-André)

Né à Lyon, le 8 9bre 1809:

Mort dans la même ville, le 4 8bre 1868

NOTICE

SUR

J.-H.-A. RAMBAUD

PAR

E. MULSANT

Présentée à la Société Linnéenne de Lyon, le 14 juin 1869

LYON
ASSOCIATION TYPOGRAPHIQUE
REGARD, RUE DE LA BARRE, 12

1870

NOTICE

SUR

J.-H.-A. RAMBAUD

Par E. MULSANT

Présentée à la Société Linnéenne de Lyon, le 14 juin 1869.

En prenant la plume pour tracer ces lignes consacrées à la mémoire de l'homme si regrettable et si regretté que la mort nous a enlevé, j'éprouvais le sentiment pénible qui endolorit notre cœur, quand on songe à la perte de ceux qu'on aimait. Mais, en étudiant cette vie si utilement remplie, toujours animée par la foi et enflammée par la charité, en jetant les yeux sur cette existence entourée de tant d'estime et chaque jour bénie par les malheureux, mes sentiments de tristesse ont été tempérés par l'admiration ; et à la vue de tant de vertus pratiquées sous le voile de la modestie, mon âme s'est épanouie, comme le font nos sens à l'aspect d'une splendide journée.

Rambaud (Joseph-Hugues-André), dont je veux essayer de vous rappeler la vie, naquit à Lyon le 8 novembre 1809.

Sa famille, originaire de la Maurienne, avait quitté la Savoie vers la fin du siècle dernier, et s'était établie d'abord à Givors, avant de se fixer définitivement à Lyon. Elle sut acquérir dans le commerce la fortune par l'intelligence, l'ordre et le travail, et l'estime et la considération par la conduite et la probité. Plusieurs de ses membres ont été ou sont encore de nos jours des hommes de mérite ou distingués.

L'aïeul d'André avait laissé quatre fils, dont Joseph-Antoine, le père de notre ami, était l'aîné (1). Celui-ci, à peine âgé de vingt ans, se trouva, par la mort de son père, à la tête de la famille; mais héritier de l'esprit de conduite, l'une des vertus de ses parents, il ne tarda pas à se faire une belle position.

De son mariage avec Mlle Françoise Allimand, de Givors, il eut de nombreux enfants (2), dont plusieurs moururent en bas âge.

André Rambaud, au sortir de ses études, commencées dans l'ancienne institution Bailly et achevées au Lycée de Lyon, travailla quelque temps, comme clerc, soit chez son beau-frère, avoué-avocat, soit chez M. Farines, notaire; mais la faiblesse de sa santé, due au développement trop rapide de son corps, ne lui permit pas de se livrer à un travail assidu; elle l'empêcha d'aller à Paris faire son cours de Droit, et le força à passer plusieurs hivers dans le Midi. Son séjour dans nos provinces douées d'une température plus douce ne fut perdu ni pour lui, ni pour les malheureux: il employait une partie de son temps à s'instruire, et l'autre, à faire du bien.

Vers la fin de 1836, il voulut visiter l'Italie; il partit avec M. Ozippe Dugas, dont l'aimable compagnie doubla pour lui les plaisirs du voyage.

Il arriva à Florence en janvier 1837; il comptait y demeurer peu

(1) L'un des frères de Joseph-Antoine, Noël Rambaud, après avoir fait partie du Tribunal de commerce, fut élu conseiller municipal en 1831, et devint l'un des adjoints de M. Martin, maire de Lyon, pendant les deux dernières années de l'administration de ce magistrat, c'est-à-dire de 1838 à 1840.

M. Jean-Baptiste Rambaud, l'un des cousins d'André est depuis longtemps l'une des gloires de notre barreau.

(2) L'aîné, Joseph Rambaud, était notaire à Lyon, quand la mort l'enleva prématurément à sa famille.

Des deux demoiselles qui survécurent, l'aînée est morte en 1865. Elle avait épousé feu Marc-Antoine Péricaud (né en 1785 à Lyon, où il est mort le 3 janvier 1864), qui s'était fait une réputation bien méritée de jurisconsulte habile et d'avocat remarquable.

L'autre sœur d'André, Mlle Claire Rambaud, avait épousé M. Martin Tramoy, et n'est plus depuis 1858.

de temps. Les chefs-d'œuvre des arts dont cette capitale de la Toscane abonde, l'y enchaînèrent durant près de deux mois.

Comment n'être pas retenu dans une ville où les architectes ont multiplié les palais et une foule de monuments remarquables? et pour peu qu'on se sente épris de l'amour du beau, ne pas se trouver captivé par la vue de ces marbres et de ces toiles offrant les productions du génie des artistes les plus illustres?

Le *Palazzo vecchio*, souvenir de la Florence du moyen-âge; les *Uffizi*, avec leur galerie, avec leur collection de bronze antiques et du moyen-âge, la plus riche après celle de Naples; avec leur salle de portraits des peintres peints par eux-mêmes, la plus curieuse en ce genre qui soit au monde, peuvent y attirer un amateur pendant des semaines entières.

Le palais Pitti, commencé par Brunellesco, et devenu, vers la fin du XVIe siècle, la résidence de Cosme Ier et de ses successeurs, offre tant de genres de beautés qu'on ne peut se lasser de le visiter. Dans les galeries brillent les œuvres des principaux maîtres: Salvator Rosa, Le Titien, Paul Véronèse, Le Dominicain, Léonard de Vinci, Michel-Ange et Raphaël, dont l'inimitable pinceau offre à nos yeux l'idéal de la perfection.

Les églises de Florence ne sont pas riches seulement de leurs ornements; la plupart renferment des tombeaux de personnages célèbres; ainsi celle de Sainte-Croix offre aux curieux ceux de Michel-Ange, de Machiavel, de Galilée, et celui d'Alfieri, chef-d'œuvre de Canova.

Rambaud ne visitait pas les diverses parties de la ville en voyageur dont les moments sont comptés. Le matin, il travaillait, et se traçait à l'avance l'emploi de son temps pendant la journée, et le soir, il se rendait compte de ce qu'il avait vu et admiré, et consignait le résultat de ses observations sur un registre destiné à suppléer plus tard à l'infidélité de ses souvenirs.

Les diverses bibliothèques lui offraient des sujets d'études variés. On sait que l'une d'elle contient de grandes raretés, entre autres, le manuscrit de Longus, sur lequel Paul-Louis Courier a laissé des traces ineffaçables de sa visite à cet établissement.

Parfois il aimait à se promener sous les ombrages toujours verts de

Boboli (1), de ce jardin merveilleux dessiné par Tribolo et Buontalenti, mais auquel on a fait subir de nombreuses modifications; il y trouvait le printemps et y entendait le chant des oiseaux, quand sa chère vallée de la Merlinche (2) était encore assombrie par l'hiver.

Le voyage d'Italie avait surtout pour but de voir la Ville éternelle. Des sujets d'admiration d'un autre genre l'y attendaient. Pendant son séjour dans cette ancienne résidence des Césars, il aimait à contempler les restes des monuments divers, témoignages vivants de la grandeur passée de ces maîtres du monde; à pénétrer dans les Catacombes, mystérieux asiles des premiers chrétiens; à visiter les églises remarquables dont la cité abonde. Il y fut témoin des cérémonies touchantes de la Semaine-Sainte et des splendeurs des fêtes catholiques; il eut enfin la faveur de s'agenouiller aux pieds du Père des fidèles. Il revint émerveillé.

L'année suivante, il voulut revoir cette Italie dont il avait emporté de si agréables souvenirs. N'ayant pu décider à le suivre le compagnon de son voyage précédent, il partit seul. Il trouva l'hiver à Pise au commencement de février 1839; le mauvais temps le dégoûta; il reprit le chemin de la rivière de Gênes, dont les coteaux sont tapissés d'orangers, de lauriers-roses, des myrtes et d'aloès; il traversa la gracieuse principauté de Monaco, où les maisons éparses dans ce pays privilégié sont à demi-voilées par des rideaux de citroniers. Il arriva à Nice auprès de Dugas et de ses autres amis, qui le croyaient au milieu des merveilles de Rome.

En rentrant à Lyon, il se créait divers emplois de son temps. Son père lui avait abandonné la jouissance d'un domaine situé sur les bords du Rhône, près de la grotte de la Balme; il s'en occupait assez activement, et par son affabilité, son obligeance et ses rapports si faciles, il y a laissé les souvenirs les plus agréables.

André trouvait auprès de ses parents toutes ses joies et son bonheur.

---

(1) Jardin du Grand-Duc.

(2) Vallée près de Givors, dans laquelle est située la propriété de Montgelas, appartenant à sa famille.

La vive affection qu'il leur portait avait été l'une des causes qui l'avait empêché, dans le temps, de se séparer d'eux pour aller faire son cours de Droit; aussi sa douleur fut-elle profonde quand la mort le priva de son père bien-aimé, en octobre 1840. Il vécut dès-lors auprès de sa mère pour tâcher d'alléger ses douleurs par les témoignages d'une tendresse plus affectueuse encore s'il était possible.

Il habitait avec elle, durant l'été, dans le beau parc créé par l'archevêque Camille de Neuville, le château que son père avait acheté du dernier marquis de Boufflers, héritier des Villeroi. Durant l'hiver, redevenu citadin, il consacrait une partie de ses heures aux affaires de son beau-frère, M. Tramoy.

Heureux du bonheur qu'il trouvait auprès de sa mère, il ne songea pas d'abord à en rêver d'autre; mais il ne pouvait se dissimuler que cet objet de sa tendresse viendrait un jour à lui manquer, et il chercha dans l'hyménée un nouveau sujet d'affection pour son cœur, qui ne pouvait se passer d'aimer; le 22 février 1863, il épousa Mlle Coste (1).

Le bonheur de ce monde ne saurait exister sans mélange d'amertumes. L'année suivante, au mois de mars, il perdait son excellente mère, et deux ans après, un nouveau deuil vint déchirer son cœur : sa fille aînée lui était enlevée ! La plaie de ces blessures paraît être restée longtemps à se cicatriser : plusieurs années encore après ces douloureux événement, on le voyait sortir de très-grand matin, et rentrer chez lui les yeux humides. Il venait de pleurer sur les tombes de sa fille et de sa mère.

Les hivers suivants durent se passer en grande partie dans le Midi; il y allait avec toute sa maison. Après plusieurs saisons hiémales passées à Nice, il choisit, à partir de 1851, Montpellier pour y séjourner durant les plus tristes mois de l'année.

---

(1) Fille de M. Louis Coste, riche marchand de soie de notre ville, et petite-fille de M. Jean-Marie Charasson aîné, chef d'une famille très-considérée dans la Franche-Comté. M. Charasson fut l'une des victimes de la terreur. Son frère, Jean-Marie Charasson le jeune, devenu l'époux de la veuve de son frère, fut une des notabilités commerciales de Lyon; il fut successivement conseiller municipal, juge consulaire, membre de la Chambre de commerce, administrateur des hôpitaux civils, etc.

Pendant ces moments où il était éloigné de sa ville natale et séparé de ses amis, il savait, par des moyens divers, utiliser ses loisirs. Chaque jour il étudiait quelques questions de Droit ou d'économie politique. Il se fit bientôt, dans cette ville, d'excellentes relations. Membre de la Société de Saint-Vincent-de-Paul, il en suivait les conférences et était un des plus ardents à s'occuper de bonnes œuvres. Celle à laquelle il se dévoua le plus fut l'institution des écoles du soir pour les soldats. Pendant plusieurs années de suite, durant son séjour à Montpellier, on le voyait quitter son habitation à la nuit tombante, traverser à tous les temps une grande partie de la ville, et s'enfermer pendant la soirée dans la salle où de jeunes soldats venaient recevoir des leçons. Quelques autres confrères de Saint-Vincent-de-Paul s'associaient à ses efforts, mais parfois ils oubliaient le but de leur réunion; et, en présence d'élèves avides d'une instruction suivie, se laissaient aller à de frivoles conversations. Rambaud ne se rebutait pas en voyant une grande partie du travail retomber sur lui seul. Il se dévouait pour tous, et sans se reposer un instant, il employait tous les moments à passer d'un soldat à l'autre, à leur enseigner l'alphabet, à leur faire épeler les mots, et souvent, pendant la journée, il faisait venir quelques-uns de ses élèves du soir, pour leur consacrer des heures entières.

Une année, Rambaud, en retournant dans le Midi, ne retrouva plus cette école à laquelle il aimait à donner si généreusement son temps et ses soins; une mesure, dont j'ignore le motif, en avait amené la suppression. L'œuvre des fourneaux économiques se fondait : il saisit avec empressement cette occasion nouvelle de faire du bien. On aurait dit qu'il n'aurait pas osé espérer un sommeil paisible, s'il n'avait pas consacré à la charité les dernières heures de sa journée. Là, il ceignait le tablier du servant, et tant que les malheureux se présentaient pour recevoir leur ration, on le voyait aller et venir, dans la cuisine enfumée, pour porter l'écuelle à ceux qui l'attendaient. Aux jours de fête, il se faisait un plaisir de servir, de ses mains, les vieillards des Petites-Sœurs-des-Pauvres. Il y conduisait son jeune fils pour lui apprendre, par son exemple, à pratiquer des œuvres de miséricorde, et lui faire comprendre que le plus beau privilège de la fortune est d'alléger peines de ceux qui souffrent, et d'employer le superflu de sa richesse à faire des heureux.

Il aimait la Société dont notre illustre Ozanam a eu l'un des premiers la pensée, parce qu'il n'en voyait aucune plus propre à imprimer une bonne impulsion aux jeunes gens, plus capable d'occuper utilement leur ardente activité, plus susceptible d'élever leur âme à de nobles sentiments, en les portant à l'amour de leurs semblables.

Il aimait surtout, dans les fruits des conférences de cette Société, les rapports du riche avec le pauvre ; et il était toujours à payer de sa personne quand il s'agissait d'une œuvre de charité ; l'histoire de sa vie en fournirait de nombreux exemples ; il suffira de citer les deux traits suivants :

Il y a déjà bon nombre d'années, un accident survenu à l'un des bâteaux remorqueurs amarré près du pont de Nemours, fit tomber plusieurs ouvriers dans la Saône. Cet accident occasionna naturellement une vive émotion. Rambaud courut en toute hâte sur les lieux, s'empara de l'un de ces malheureux, le conduisit dans ses appartements, sans s'inquiéter si l'eau qui dégouttait de ses habits salirait ses parquets, et se chargea de faire sécher ce pauvre ouvrier et de remplacer ses vêtements.

Une autre fois, il rencontra, au village d'Oullins, un homme surpris par des libations trop copieuses qui vacillait sur la route et lui demanda, en rougissant, le secours de son bras, pour lui aider à regagner son domicile. Rambaud le reconduisit ainsi jusqu'à la Guillotière, en épuisant presque toutes ses forces pour soutenir et faire marcher en ligne droite son malheureux compagnon de route.

De 1850 à 1855, il s'était occupé beaucoup des améliorations à introduire dans le canton de Meyzieu, sous le rapport de l'agriculture. Il avait compris les avantages du drainage et il s'était efforcé d'en introduire la pratique. Il ne tarda pas à se féliciter des résultats obtenus. « J'ai drainé, écrivait-il, une quinzaine d'hectares, dans ma propriété de Jons, et tel a été le succès de mon opération, qu'une dizaine de mes voisins ont suivi mon exemple, et ont mis en valeur à peu de frais des parcelles de terrain jusqu'alors improductives ». Au prix où se trouva le blé en 1856, l'excédant de récolte obtenu payait, et au-delà, la dépense du drainage, et le pays s'était trouvé doté d'un surcroît de revenu qui promet de s'accroître encore.

Rambaud, il faut le dire, ne s'était pas borné à prêcher d'exemple et à stimuler les propriétaires voisins; il avait fait l'acquisition d'une machine à fabriquer des drains, et l'avait mise à la disposition de tout le canton.

Notre ami voyait avec peine une foule de jeunes gens des campagnes quitter les lieux qui les ont vu naître, pour aller chercher dans les villes une existence plus indépendante. Il pensait qu'on pourrait peut-être les retenir davantage dans leurs foyers, en rendant l'agriculture plus productive, c'est-à-dire en introduisant dans les communes où il possédait des domaines toutes les améliorations dont la culture des champs est susceptible.

Dans ce but, il fit le projet d'aller visiter les établissements agricoles de la colonie genevoise de Sétif. Il partit de Marseille le vendredi 16 octobre 1857; c'était l'époque des migrations des oiseaux chanteurs de nos campagnes; plusieurs de ces petits voyageurs venaient chercher sur le navire un lieu de repos momentané. La traversée fut très-heureuse; il débarqua à Stora, et le dimanche matin il était à Philippeville. M. Antonin Joannon, dont il fit l'heureuse rencontre, lui fit parcourir les environs et le conduisit dans sa magnifique propriété située dans la tribu des Beni-Daghoussa. Il se rendit à Bone; visita avec M. Gondard, curé du lieu, les bois d'Edough, magnifique forêt de chênes-lièges, puis les ruines d'Hippone, si florissante sous l'épiscopat de saint Augustin; de Bone, il se rendit à Guelma, puis à Constantine, ville singulière de 36 à 40,000 âmes, bâtie, au milieu d'un amphithéâtre de montagnes, sur un rocher isolé dont les flancs, en partie perpendiculaires, sont baignés par le Rummel sur les trois quarts de leur périphérie. Il se dirigea de là vers Sétif, but principal de son voyage. Il avait le dessein d'aller à Biskara, pays renommé par ses dattes, et situé à l'entrée du désert du Sahara; le mauvais temps le força à renoncer à ce voyage; il revint à Philippeville et s'embarqua pour Alger, en passant successivement près de Collo, Djidjel, Bougie et Dellys. Il vit dans la capitale de l'ancienne régence M. Lami, de Lyon, l'un des grands vicaires de Mgr Pavy, et deux prêtres de nos environs : MM. Bourgin, curé de Tassin et Nachury, curé de Craponne. Avec ces deux derniers, il traversa la plaine de la Mitidja, dont l'insalubrité a dévoré, dans les premiers temps, un si grand nombre de colons ; visita Blidah, ville nouvelle, située au pied de l'Atlas, entourée de jardins d'orangers et de citroniers ; Cherchel, l'ancienne *Julia Caesarea*, dont le musée renferme une foule de statues antiques, la plupart mutilées ; Milianah, bâtie sur les premiers gradins de l'Atlas, entourée de vignes et de figuiers ; la plaine du Chetif ; Koleah, située sur le plateau du Sahel ; Staoueli, où les trappistes ont créé un si bel établissement. Il rentra, avec ses compagnons, à Alger, et de là, revint en France, riche des connaissances nouvelles qu'il avait acquises.

Le désir de les augmenter le porta, en 1862, à voir l'exposition de Londres ; il y trouva M. Luyton, l'ingénieur de Firminy. Il accompagna ce savant à Manchester, la reine des villes manufacturières de l'Angleterre, puis à Oberdare près de Cardiff, pour visiter les mines et les forges du pays de Galles, et ils revinrent à Londres par Bristol. Il acheva de visiter les principaux monuments de la ville et admira les merveilles des parcs de Hampton-Court et de Richemond, et celles des jardins de Kiew, où des serres, de vingt mètres de hauteur, permettent aux palmiers de l'Afrique de se développer en liberté. M. Luyton l'entraîna successivement à New-Castle sur la Tyne, centre de la plus grande production de houille, puis à Edimburg et à Glascow en Ecosse, et de là à Liwerpol, d'où ils revinrent à Londres par Manchester. Rambaud parlait l'anglais avec assez de facilité pour soutenir la conversation sur tous les sujets ; il se félicitait, longtemps encore après, des renseignements utiles recueillis dans ce voyage ; aussi disait-il : « une nation dont les citoyens vont s'éclairer chez les autres peuples, acquiert toujours une somme de connaissances et de richesses dont se privent les contrées où règnent des habitudes d'immobilité. »

Rambaud, toujours préoccupé du sort des classes ouvrières et agricoles, voulait les voir arriver à l'aisance par le travail et par l'ordre. La création, dans les campagnes, de caisses d'épargne destinées à recevoir leurs petites économies et à leur faire porter des fruits, lui semblait un des meilleurs moyens d'atteindre ce but. Cette pensée était devenue, dans les dernières années de sa vie, son idée prédominante et la tendance de ses efforts.

Aussi, doit-on principalement à son zèle l'établissement des caisses d'épargne, succursales de celle de Lyon, établies à Vaugneray, à Saint-Laurent-de-Chamousset, à Saint-Symphorien-le-Château, à Mornant, à Meyzieu, à Firminy. Peu de jours avant sa mort, il travaillait encore à en faire créer une à La Verpillière.

En 1864, en passant à Menton, il s'était mis en rapport avec le maire de cette ville, pour la fondation d'une caisse d'épargne, et quelque temps après ce magistrat lui écrivait pour le remercier du service rendu à la cité confiée à son administration, et pour lui annoncer l'ouverture d'une caisse d'épargne. Il allait alors en Italie pour étudier l'organisation des établissements de ce genre de l'autre côté des Alpes. Il eut lieu d'admirer les sociétés fondées dans ce but, dans les principales villes de ce royaume ; il les vit indépendantes du gouvernement, s'administrant elles-mêmes, vivant de leur propre vie, et échappant, par l'effet même de leur autonomie, aux crises politiques et financières qui ont agité la péninsule. Il cherchait dans cette étude les améliorations susceptibles d'être introduites chez nous.

De toutes les caisses d'épargne à l'établissement desquelles il avait contribué, celle de Vaugneray était celle à laquelle il portait le plus d'intérêt. Une de ces jouissances était d'en être le directeur, et Dieu sait de quelle joie il fut animé, quand il la vit en possession d'une somme de cent mille francs; il réunit à sa table tous les administrateurs, pour fêter cet heureux résultat.

Le 23 septembre 1868, il disait au trésorier de celle de Meyzieu qu'il se proposait de convier à un repas de fête tous les administrateurs de celle-ci, dès que les dépôts auraient atteint le même chiffre.

Il ne devait pas avoir ce plaisir. Deux jours après son retour du Dauphiné, il fut obligé de s'aliter. La maladie sembla d'abord n'offrir aucun motif d'inquiétude ; le 2 octobre elle prit tout à coup un caractère plus grave. La religion, dont il avait toujours accompli les préceptes, le soutint et le fortifia dans ses moments douloureux. On l'entendait répéter ces paroles du prophète : *In te Domine speravi, non confundar in æternum* (1). Rempli de cette confiance, il s'endormit paisiblement, dans la matinée du dimanche 4 octobre 1868.

Rambaud était doué d'un esprit judicieux et pratique; l'autorité de ses conseils l'avait fait appeler plusieurs fois au sein des commissions des sociétés financières de cette ville. Il aurait été précieux dans les administrations ou les emplois publics; mais sa modestie l'avait toujours porté à fuir les honneurs. Il n'avait pu cependant refuser de siéger parmi les membres du conseil de fabrique de la paroisse de Notre-Dame-de-Saint-Vincent, où il était si digne, sous tous les rapports, de trouver place (2).

Il joignait aux vertus capables de nous concilier l'estime publique, les qualités du cœur propres à nous gagner l'affection des autres.

Possesseur d'une fortune devenue plus brillante par son mariage et par des successions, il mettait son plaisir à en faire le plus noble usage. Il était associé à une foule d'œuvres utiles ou charitables; sa main ne se lassait pas de donner.

Depuis 1856, il faisait partie de notre Société linnéenne, et il était très-attaché à cette Compagnie, qui s'efforce, avec d'autres, à contribuer à la gloire scientifique de notre cité.

Sa taille remarquable lui avait fait donner l'épithète de grand, pour le distinguer de ses homonymes; mais les malheureux dont il était l'appui aimaient à le désigner sous le nom de *bon Rambaud*. Aussi, lors de ses funérailles, ceux qu'il avait obligés ou secourus affluaient-ils à son convoi, et les pleurs qu'on leur voyait répandre étaient-ils

---

(1) Seigneur, j'ai espéré en vous; que je ne sois pas confondu à jamais. (PSAUME XXX, v. 1.)

(2) Une circonstance particulière servira à rappeler son passage dans le conseil de fabrique : Le 8 septembre 1862, M. Chabert étant curé, eut lieu, dans l'église de Notre-Dame-de-Saint-Vincent, la bénédiction de deux cloches. Les parrains et marraines furent pris dans les familles des membres du conseil de fabrique; l'une des cloches eut pour parrain M. Joseph Rambaud-Coste et pour marraine Mlle Marie Serre-Germain, et fut nommée Marie-Joseph; l'autre eut pour parrain M. Elisée Demoustier et pour marraine Mlle Félicité Belmont, et a été appelée Félicité-Elisée.

l'oraison funèbre la plus éloquente qu'on pût prononcer sur sa tombe(1); ils exprimaient, mieux que les paroles, et le bien qu'il avait fait, et les regrets qu'il laissait après lui.

(1) André Rambaud a laissé deux enfants : Mlle Anaïs, mariée à M. Du Vachat, juge à Belley, et M. Joseph Rambaud.

Lyon, Association typographique — Regard, rue de la Barre, 12.

DESCRIPTION

DE

QUELQUES INSECTES NOUVEAUX OU PEU CONNUS

par

E. MULSANT & Cl. REY

Présentée à la Société Linnéenne de Lyon, le 14 mars 1870.

Gyrophæna diversa, Mulsant et Rey

Oblongue, assez large, subdéprimée, finement et à peine pubescente, d'un brun de poix brillant avec la tête et l'abdomen noirs, le sommet de celui-ci, la base des élytres et des antennes, la bouche et les pieds testacés. Tête distinctement et très-éparsement ponctuée. Antennes sensiblement épaissies vers leur extrémité, à 3e article beaucoup plus court que le 2e, le 4e court, obtriangulaire, le 5e à peine ou non, les 6e à 10e médiocrement transverses. Prothorax fortement transverse, un peu rétréci en arrière, subarqué sur les côtés, beaucoup moins large que les élytres, très-éparsement ponctué sur les parties latérales du disque, éparsement et bissérialement ponctué sur le dos. Élytres fortement transverses, sensiblement plus longues que le prothorax, subdéprimées, éparsement et assez grossièrement ponctuées. Abdomen atténué en arrière, un peu moins large que les élytres, à peine sétosellé, presque lisse. Tarses postérieurs allongés, un peu moins longs que les tibias.

♂. *Le 5e segment abdominal* offrant sur son milieu, près du sommet, un petit tubercule oblong, obsolète ou peu distinct. *Le 6e* armé à son extrémité de deux dents saillantes, spiniformes et un peu recourbées en dedans.

♀. Nous est inconnue.

Long. 0m,0020 (1 l. à peine). — Larg. 0m,0007 (1/3 l.).

Corps oblong, assez large, subdéprimé, d'un brun de poix brillant avec les élytres plus ou moins testacées vers leur base et le sommet de l'abdomen d'un roux testacé; recouvert d'une fine pubescence blonde, courte, plus ou moins couchée, très-écartée et peu distincte.

Tête transverse, à peine moins large que le prothorax, presque glabre, distinctement et très-éparsement ponctuée, d'un noir brillant. *Front* très-large, déprimé sur son milieu. *Epistome* subconvexe, lisse, d'un roux de poix dans sa partie antérieure. *Labre* à peine convexe, d'un roux de poix brillant, éparsement cilié vers son sommet. *Parties de la bouche* d'un roux-testacé.

Yeux très-gros, saillants, subarrondis, noirs.

Antennes un peu plus longues que la tête et le prothorax réunis; sensiblement épaissies vers leur extrémité dès le 5e article inclusivement; très-finement pubescentes et en outre distinctement pilosellées surtout vers le sommet de chaque article; brunâtres avec les cinq ou six premiers articles plus clairs ou testacés: le 1er assez allongé, sensiblement renflé en massue: les 2e et 3e obconiques: le 2e suballongé, un peu moins long que le 1er: le 3e oblong, beaucoup plus court et un peu plus grêle que le 2e: le 4e court, obtriangulaire, sensiblement transverse: les 5e à 10e sensiblement et subgraduellement épaissis, non contigus: le 5e à peine ou non, les 6e à 10e légèrement ou même passablement transverses, avec le 6e néanmoins plus faiblement: le dernier à peine aussi long que les deux précédents réunis, obovalaire, obtusément acuminé au sommet.

Prothorax fortement transverse, environ une fois et deux tiers aussi large que long; largement tronqué au sommet avec les angles antérieurs infléchis, obtus et arrondis; un peu rétréci postérieurement où il est d'un tiers environ moins large que les élytres prises ensemble; faiblement arqué en avant sur les côtés, avec ceux-ci, vus de dessus, subrectilignes en arrière, et, vus latéralement, à peine sinués au devant des angles postérieurs qui sont très-obtus et arrondis: largement arrondi à sa base avec celle-ci subtronquée dans son milieu et le rebord basilaire assez étroit; faiblement convexe sur son disque: à peine pubescent ou presque glabre; offrant en outre, çà et là sur le dos et sur les côtés, quelques courtes soies obscures et redressées; marqué près des côtés de quelques points enfoncés, assez distincts et disposés sans ordre, dont un notamment plus fort et situé dans l'ouverture des angles postérieurs ; présentant de plus, sur le dos, deux séries longitudinales et irrégulières de points écartés, peu prononcés, dont deux notamment plus forts et situés vers le tiers postérieur ; d'un brun de poix brillant. *Repli inférieur* lisse, testacé.

Écusson glabre, lisse, d'un brun de poix brillant.

Élytres formant ensemble un carré fortement transverse : sensiblement plus longues que le prothorax : presque subparallèles et presque subrectilignes sur leurs côtés : à peine sinuées au sommet vers leur angle postéro-externe avec le sutural rentrant à peine et presque droit : subdéprimées ou à peine convexes intérieurement sur leur disque et sensiblement impressionnées sur la suture : très-éparsement pubescentes et principalement en arrière : assez grossièrement et parcimonieusement ponctuées avec la ponctuation un peu plus forte et un peu plus serrée vers l'extrémité, et surtout vers les angles postéro-externes, et l'intervalle des points finement et obsolètement chagriné ; testacées vers leur base et graduellement obscurcies en arrière surtout sur les côtés. *Épaules* saillantes, arrondies.

Abdomen peu allongé, un peu moins large à sa base que les élytres, deux fois plus prolongé que celles-ci : subarqué sur les côtés, sensiblement et graduellement atténué vers son extrémité dès le tiers basilaire : légèrement et longitudinalement convexe sur le dos : très-éparsement et à peine pubescent, avec quelques légères et très-rares soies obscures et subredressées sur les côtés et surtout vers le sommet : à peine ponctué ou presque lisse : d'un noir brillant avec le bord apical des trois premiers segments couleur de poix, l'extrémité du 5e et les suivants d'un roux-testacé. *Les deux premiers* légèrement sillonnés en travers à leur base : *Le 5e* un peu plus développé que le précédent, largement tronqué et muni à son bord apical d'une très-fine membrane pâle. *Le 6e* assez saillant. *Celui de l'armure* distinct, pubescent.

Dessous du corps éparsement pubescent, éparsement et finement ponctué, d'un noir de poix très-brillant avec le sommet du ventre d'un roux-testacé. *Cuisses* à peine élargies vers leur milieu. *Tibias* grêles, droits ou presque droits, très-finement ciliés sur leurs tranches : *les intermédiaires* et *postérieurs* avec un léger cil redressé sur le milieu de leur tranche externe : *les postérieurs* presque aussi longs que les cuisses. *Tarses* assez étroits, subcomprimés, à peine atténués vers leur extrémité, assez longement ciliés en dessous, éparsement en dessus : *les antérieurs* courts, *les intermédiaires* moins courts, *les postérieurs* allongés, un peu moins longs que les tibias, à 1er article assez allongé, évidemment plus long que le deuxième : les 2e à 4e graduellement un peu moins longs.

Patrie : Cette espèce est rare. Elle se trouve dans les champignons aux environs de Lyon.

Obs. Elle ressemble infiniment à la *Gyrophaena affinis* dont elle est peut-être une variété. Cependant elle est d'une taille un peu moindre; les antennes sont un peu plus sensiblement épaissies extérieurement avec leurs pénultièmes articles (7 à 10) un peu plus obscurs, un peu plus courts ou plus transverses. Le tubercule du 5e segment abdominal du ♂ est plus oblong et plus obsolète.

Gyrophaena punctulata, Mulsant et Rey.

Suboblongue, assez large, subdéprimée, finement et à peine pubescente. d'un roux-testacé brillant avec la tête et une légère ceinture abdominale d'un noir de poix, la bouche, les antennes et les pieds testacés. Tête fortement et éparsement ponctuée sur les côtés. Antennes sensiblement épaissies extérieurement, distinctement pilosellées, à 3e article sensiblement moins long et plus grêle que le 2e, le 4e court, les 5e à 10e très-fortement transverse, subrétréci en arrière, beaucoup moins larges que les élytres, subarqué sur les côtés, finement et éparsement ponctué sur le milieu de son disque, très-finement et densement pointillé sur sa base. Elytres fortement transverses, beaucoup plus longues que le prothorax, subdéprimées, finement assez densement et inégalement ponctuées. Abdomen atténué en arrière. un peu moins large que les élytres, obsolètement sétosellé, presque lisse. Tarses postérieurs suballongés, sensiblement moins longs que les tibias.

♂. *Le* 5e *segment abdominal* muni sur le dos vers son extrémité de quatre saillies longitudinales, bien prononcées, à peine obliques : les intermédiaires un peu plus distantes. *Le* 6e armé à son sommet de quatre dents : les deux intermédiaires aiguës, rapprochées et comme géminées : les extérieures beaucoup plus fortes et plus saillantes, subspiniformes, un peu recourbées en dedans.

♀. Nous est inconnue.

Long. $0^m,0018$ (3/4 l.). = Larg. $0^m,0007$ (1/3 l.).

Corps suboblong, assez large, subdéprimé, d'un roux testacé brillant avec la tête et une étroite ceinture abdominale d'un noir de poix; recouvert d'une fine pubescence d'un gris blond, assez courte, plus ou moins couchée, très-peu serrée et à peine distincte.

Tête transverse, un peu moins large que le prothorax, légèrement pubescente, avec la pubescence plus ou moins redressée; lisse sur sa ligne médiane, fortement et éparsement ponctuée sur les côtés; d'un noir de poix très-brillant. *Front* très-large, subdéprimé, offrant entre les yeux, deux impressions sensibles et assez grandes. *Epistome* subconvexe, très-lisse, un peu roussâtre en avant. *Labre* faiblement convexe, d'un testacé brillant, subponctué et éparsement cilié vers son sommet. *Parties de la bouche* testacées avec *le pénultième article des palpes maxillaires* un peu plus foncé, à peine cilié vers son extrémité.

Yeux très-gros, saillants, subarrondis, d'un gris noirâtre.

Antennes environ de la longueur de la tête et du prothorax réunis ; sensiblement et subégalement épaissies extérieurement dès le 5e article inclusivement ; très-finement duveteuses et en outre distinctement ou même assez longuement pilosellées surtout vers le sommet de chaque article ; testacées avec leur extrémité à peine plus foncée; à 1er article allongé, assez fortement renflé en massue : le 2e suballongé, obconique, sensiblement moins long et moins épais que le 1er : le 3e oblong, obconique, sensiblement moins long et plus grêle que le 2e : le 4e court, un peu plus épais que le précédent, beaucoup plus étroit que le suivant, sensiblement ou même assez fortement transverse : les 5e à 10e épaissis d'une manière sensible et subégale, peu ou non contigus, très-fortement transverses avec le 5e paraissant néanmoins un peu moins court : le dernier assez épais, aussi long que les deux précédents réunis, courtement ovalaire, obtusément acuminé au sommet.

Prothorax très-fortement transverse, environ deux fois aussi large que long; largement tronqué ou à peine échancré au sommet avec les angles antérieurs infléchis, presque droits mais arrondis; un peu rétréci postérieurement où il est beaucoup moins large que les élytres; subarqué en avant sur les côtés et subrectiligne ou à peine sinué en arrière au-devant des angles postérieurs qui sont très-obtus et arrondis; largement arrondi à sa base avec celle-ci subsinueusement tronquée dans son milieu et le rebord basilaire étroitement subexplané; faiblement convexe; à peine pubescent avec la pubescence semi-redressée; finement, légèrement et éparsement ponctué sur son disque avec les points sans ordre, dont deux plus forts, assez écartés et situés transversalement vers le tiers basilaire, et un autre de chaque côté dans l'ouverture des angles postérieurs; offrant en outre le long de la base une ponctuation serrée, très-fine mais distincte; d'un roux-testacé brillant et plus ou moins foncé. *Repli inférieur* lisse, testacé.

Ecusson glabre, lisse, d'un roux-testacé très-brillant.

Elytres formant ensemble un carré fortement transverse; beaucoup plus longues que le prothorax, à peine plus larges en arrière qu'en avant et subrectilignes sur leurs côtés; non visiblement sinuées au sommet vers leur angle postéro-externe avec le sutural un peu rentrant mais non émoussé; subdéprimées ou à peine convexes intérieurement sur leur disque avec la suture enfoncée sur toute sa longueur; finement et à peine pubescentes surtout près des côtés; finement et assez densement ponctuées avec la ponctuation entremêlée çà et là, surtout en dedans, de quelques points un peu plus forts et très-espacés; d'un roux-testacé brillant avec la région des angles postéro-externes non ou à peine plus foncée. *Epaules* saillantes, arrondies.

Abdomen peu allongé, un peu moins large à sa base que les élytres, deux fois environ plus prolongé que celles-ci; subarqué sur les côtés et de plus visiblement atténué en arrière dès le premier quart; légèrement et longitudinalement convexe sur le dos; presque glabre ou très-éparsement pubescent près des côtés, avec ceux-ci et le sommet obsolètement ou à peine sétosellés; presque lisse; d'un roux-testacé brillant et assez clair avec le 4e segment, moins son bord postérieur, plus ou moins rembruni. *Les deux premiers* légèrement sillonnés en travers à leur base : *le* 5e un peu plus développé que les précédents, largement tronqué et muni à son bord apical d'une fine membrane pâle. *Le* 6e peu saillant. *Celui de l'armure* distinct, subogival, testacé, pubescent.

Dessous du corps finement et subéparsement pubescent, finement et subéparsement pointillé, d'un roux-testacé brillant avec le 4e arceau ventral un peu rembruni vers sa base. *Métasternum* assez convexe. *Ventre* convexe, à pubescence courte et bien distincte, à ponctuation finement râpeuse, à 5e arceau subégal au précédent : le 6e peu saillant.

Pieds suballongés, finement pubescents, à peine pointillés, d'un testacé brillant et assez clair. *Cuisses* à peine élargies vers leur milieu. *Tibias* grêles, droits ou presque droits, à peine ciliés sur leurs tranches : les postérieurs presque aussi longs que les cuisses. *Tarses* étroits, subcomprimés, subfiliformes, distinctement ciliés en dessous, éparsement en dessus : *les antérieurs* courts, *les intermédiaires* moins courts : *les postérieurs* suballongés, sensiblement moins longs que les tibias, à 1er article suballongé, évidemment plus long que le suivant : les 2e à 4e oblongs, graduellement et à peine moins longs.

Patrie : On trouve cette espèce, très-rarement, dans les champignons, à la Grande-Chartreuse.

Obs. Comme la *Gyrophaena rugipennis*, elle diffère de toutes ses congénères par la ponctuation qui couvre la base du prothorax: mais ici cette ponctuation est très-fine au lieu d'être forte et rugueuse. La taille est aussi un peu plus grande avec la forme un peu plus déprimée. Les élytres sont moins fortement ponctuées. La couleur générale est moins foncée, etc.

Gyrophaena despecta; Mulsant et Rey.

Suboblongue, assez large, subdéprimée, finement et à peine pubescente, d'un roux-testacé brillant avec le disque du prothorax plus foncé, les angles postéro-externes des élytres rembrunis, la tête et une large ceinture abdominale d'un noir de poix, la bouche, la base des antennes et les pieds d'un testacé pâle. Tête assez finement et très-éparsement ponctuée sur les côtés. Antennes légèrement épaissies vers leur extrémité, distinctement pilosellées, à 3e article sensiblement plus court et plus grêle que le

2e: le 4e subglobuleux; les 5e à 10e assez fortement transverses. Prothorax très-fortement transverse, beaucoup moins large que les élytres, médiocrement arqué sur les côtés, éparsement et bisérialement ponctué sur le dos. Élytres très-fortement transverses, sensiblement plus longues que le prothorax, subdéprimées, presque lisses intérieurement, éparsement ponctuées vers les angles postéro-externes. Abdomen subatténué postérieurement, un peu moins large que les élytres, éparsement sétosellé, lisse. Tarses postérieurs allongés, un peu moins longs que les tibias.

♂ *Le 5e segment abdominal* muni sur le dos, vers son extrémité, de quatre saillies longitudinales, bien prononcées, également distantes, flanquées de chaque côté de deux petites saillies peu distinctes ou réduites à un point élevé. *Le 6e* offrant sur le dos deux saillies longitudinales obsolètes et très-écartées; armé au sommet de deux fortes dents, subspiniformes, à peine recourbées en dedans et embrassant entre elles une large échancrure arquée.

♀ *Le 5e segment abdominal* muni sur le dos vers son extrémité de six petites saillies oblongues, obsolètes ou réduites à un grain subélevé. *Le 6e* inerme, simple et obtusément tronqué à son sommet.

Var. a. *Tête* d'un roux de poix. *Prothorax* d'un roux-testacé assez clair.

Long. 0m,0020 (1 l. à peine). — Long. 0m,0007 (1/3 l.).

Corps suboblong, assez large, subdéprimé, d'un roux-testacé brillant avec le disque du prothorax plus foncé, les angles postéro-externes des élytres rembrunis, la tête et une large ceinture abdominale d'un noir de poix ; recouvert d'une fine pubescence d'un blond pâle, assez courte, plus ou moins couchée mais très-peu serrée ou à peine distincte.

Tête transverse, à peine moins large que le prothorax; légèrement pubescente avec la pubescence semiredressée ; assez finement et très-éparsement ponctuée sur les côtés; d'un noir de poix brillant. *Front* très-large, subdéprimé, offrant entre les yeux deux impressions légères mais assez grandes. *Épistome* subconvexe, lisse. *Labre* légèrement convexe, testacé, éparsement cilié en avant. *Parties de la bouche* testacées.

Pénultième article des palpes maxillaires offrant vers son sommet quelques cils distincts. *Yeux* très-gros, saillants, subarrondis, noirâtres.

Antennes environ de la longueur de la tête et du prothorax réunis; légèrement et subgraduellement épaissies extérieurement dès le 5e article inclusivement; très-finement duveteuses et en outre distinctement et même assez longuement pilosellées surtout vers le sommet de chaque article: obscures avec les 3 ou 4 premiers articles d'un testacé plus ou moins pâle: le 1er assez allongé, assez fortement renflé en massue: le 2e suballongé, obconique, beaucoup moins épais et sensiblement moins long que le 1er: le 3e oblong, obconique, évidemment plus grêle et sensiblement plus court que le 2e: le 4e à peine plus épais que le précédent, sensiblement moins large que le suivant, subglobuleux ou à peine transverse: les 5e à 10e subgraduellement épaissis, non contigus, assez fortement transverses: le dernier à peine aussi long que les deux précédents réunis, courtement ovalaire, assez fortement pilosellé, subacuminé au sommet.

Prothorax très-fortement transverse, presque deux fois aussi large que long; largement tronqué ou à peine échancré au sommet avec les angles antérieurs infléchis, presque droits et subarrondis; beaucoup moins large que les élytres; médiocrement et assez régulièrement arqué sur les côtés, vu de dessus, avec ceux-ci, vus latéralement, subrectilignes en arrière au-devant des angles postérieurs qui sont très-obtus et arrondis: largement arrondi à sa base avec celle-ci subsinueusement tronquée dans son milieu et le rebord basilaire étroitement explané; faiblement convexe sur son disque; presque glabre avec les côtés parés de deux ou trois légères soies redressées: lisse, offrant sur le dos deux sillons longitudinaux très-obsolètes, à fond marqué d'une série de petits points écartés, souvent peu distincts, dont deux beaucoup plus forts et plus enfoncés et situés vers le tiers postérieur; présentant, en outre, en dehors des séries vers le tiers antérieur, deux ou trois petits points légers et transversalement disposés. et, vers la base près des angles postérieurs, un autre point beaucoup plus fort et plus profond: d'un roux de poix brillant et plus ou moins foncé avec le pourtour ou au moins la base et les côtés plus clairs. *Repli inférieur* lisse, testacé.

Écusson glabre, lisse, d'un roux-testacé brillant.

Elytres formant ensemble un carré très-fortement transverse; sensiblement plus longues que le prothorax; à peine plus larges en arrière qu'en avant et subrectilignes sur leurs côtés; non visiblement sinuées au sommet vers leur angle postéro-externe, avec le sutural rentrant un peu et subémoussé; subdéprimées ou à peine convexes intérieurement avec la suture impressionnée ou enfoncée dans toute sa longueur; finement et très-éparsement pubescentes surtout près des côtés; lisses ou presque lisses avec quelques points épars et obsolètement granulés vers les angles postéro-externes; d'un roux-testacé assez clair avec les côtés plus ou moins rembrunis en arrière. *Épaules* saillantes, arrondies.

Addomen assez court, un peu moins large à sa base que les élytres, environ deux fois plus prolongé que celles-ci; subarqué sur les côtés et en outre subatténué en arrière dès le premier tiers; légèrement et longitudinalement convexe sur le dos; presque glabre ou à peine pubescent, offrant en outre sur les côtés et vers l'extrémité quelques rares et légères soies obscures et redressées; d'un roux-testacé brillant avec le 4e segment et la base des 3e et 5e plus ou moins rembrunis ou d'un noir de poix. *Les 2 premiers* légèrement sillonnés en travers à la base: *le* 5e plus développé que les précédents, parfois transversalement subimpressionné dans sa première moitié, largement tronqué et muni à son bord apical d'une fine membrane pâle. *Le* 6e assez saillant, finement et subgranuleusement pointillé sur les côtés. *Celui de l'armure* distinct, subogival, testacé, pubescent.

Dessous du corps finement et éparsement pubescent, finement et subéparsement ponctué, d'un roux-testacé brillant avec la base des 3e, 4e et 5e arceaux du ventre plus ou moins rembrunie. *Métasternum* assez convexe. *Ventre* convexe, à ponctuation obsolètement râpeuse, à 5e arceau subégal au précédent: le 6e saillant, plus ou moins arrondi au sommet.

Pieds suballongés, éparsement pubescents, à peine ponctués, d'un testacé brillant et assez pâle. *Cuisses* à peine élargies vers leur milieu. *Tibias* grêles, droits ou presque droits, très-finement ciliés sur leurs tranches: les postérieurs presque aussi longs que les cuisses. *Tarses* étroits, subcomprimés, sublinéaires, assez longuement ciliés en dessous, à peine en dessus : *les antérieurs* courts, *les intermédiaires* moins courts : *les postérieurs* allongés, un peu moins longs que les tibias, à 1er article suballongé, sensiblement plus long que le suivant : les 2e à 4e oblongs, graduellement à peine moins longs.

Patrie : Cette espèce se trouve, en automne, dans les champignons. Elle est rare et elle a été capturée dans les montagnes du haut Beaujolais, aux environs de Thizy.

Obs. Sa coloration ne permet pas de la confondre avec la *Gyrophæna nana*. Elle ressemble plutôt à la *Gyrophæna lævipennis*, variété immature : mais elle en diffère par sa tête un peu moins fortement ponctuée sur les côtés, par ses élytres un peu moins lisses et par la ceinture abdominale rembrunie plus large. Les antennes sont plus obscures extérieurement, et surtout leurs 5e à 10e articles sont moins fortement transverses.

Elle se distingue de la *Gyrophæna carpini* par ses élytres plus lisses intérieurement, non uniformément ponctuées.

Chez les sujets récemment transformés, les élytres sont testacées, avec la ceinture abdominale plus étroite ou bien d'une couleur moins foncée. La tête devient aussi d'un roux de poix, le prothorax d'un roux assez clair, et les antennes sont alors moins obscures ou presque entièrement testacées.

Gyrophaena brevicornis; Mulsant et Rey.

Oblongue, subdéprimée, très-finement et éparsement pubescente, d'un noir de poix assez brillant avec la bordure d'un roux-testacé, les antennes et les pieds d'un testacé pâle. Tête finement et très-éparsement ponctuée. Antennes courtes, assez fortement épaissies vers leur extrémité, assez fortement pilosellées, à 3e article petit, beaucoup moins long et plus grêle que le 2e : le 4e légèrement, les 5e et 6e fortement, les 7e à 10e très-fortement transverses, le dernier subhémisphérique. Prothorax fortement transverse, sensiblement moins large que les élytres, à peine plus étroit en avant, subarqué et distinctement sétosellé sur les côtés, presque lisse sur le dos, biponctué vers le tiers postérieur. Élytres fortement trans-

verses, sensiblement plus longues que le prothorax, subdéprimées, à peine chagrinées, finement, éparsement et subuniformément ponctuées. Abdomen subatténué postérieurement, presque aussi large que les élytres, légèrement sétosellé, très-finement et assez densement pointillé. Tarses postérieurs suballongés, évidemment moins longs que les tibias.

♂ Nous est inconnu.

♀ *Le* 5e *segment abdominal* simple et uni en dessus. *Le* 6e inerme et obtusément tronqué au sommet.

Long. $0^m,0013$ (2/5 l.). — Larg. $0^m,00035$ (1/6 l.).

Corps oblong, subdéprimé, d'un noir de poix assez brillant; recouvert d'une très-fine pubescence cendrée, assez courte, plus ou moins couchée et peu serrée.

Tête trapéziforme, à peine transverse, sensiblement moins large que le prothorax; légèrement pubescente avec la pubescence semiredressée; presque lisse sur son milieu, finement et très-éparsement ponctuée sur les côtés; d'un noir de poix assez brillant. *Front* large, subdéprimé ou à peine convexe. *Épistome* convexe, presque lisse. *Labre* à peine convexe, d'un roux-testacé, offrant en avant quelques points et quelques cils légers. *Parties de la bouche* d'un roux-testacé. *Pénultième article des palpes maxillaires* paré à son sommet de quelques cils bien distincts.

Yeux assez gros, assez saillants, subarrondis, noirâtres.

Antennes courtes, sensiblement moins longues que la tête et le prothorax réunis; assez fortement et presque subégalement épaissies vers leur extrémité dès le 5e article inclusivement; très-finement duveteuses et en outre assez fortement pilosellées surtout vers le sommet de chaque article; testacées avec la base un peu plus pâle; à 1er article suballongé, sensiblement renflé en massue: le 2e suballongé, obconique, à peine moins long mais visiblement moins épais que le 1er : le 3e petit, à peine oblong, obconique, beaucoup plus court et beaucoup plus grêle que le 2e : le 4e à peine plus épais que le précédent, sensiblement moins large que le suivant, légèrement et subglobuleusement transverse : les 5e à 10e assez fortement épaissis d'une manière subégale ou à peine graduée, plus ou moins contigus, très-fortement transverses, avec le 6e à peine et le 5e un peu moins fortement : le dernier un peu moins long que les deux précédents réunis, subhémisphérique ou en cône court, subtransverse et obtus au sommet.

Prothorax fortement transverse, environ une fois et deux tiers aussi large que long, largement tronqué ou à peine échancré au sommet avec les angles antérieurs infléchis, presque droits et à peine arrondis ; à peine rétréci en avant ; sensiblement moins large que les élytres ; légèrement et assez régulièrement arqué sur les côtés, vu de dessus, avec ceux-ci, vus latéralement, presque subrectilignes en arrière au devant des angles postérieurs qui sont obtus et subarrondis ; largement arrondi à sa base avec celle-ci subtronquée dans son milieu et parfois à peine sinuée de chaque côté près des épaules et le rebord basilaire étroit ; faiblement convexe sur son disque ; à peine pubescent, offrant en outre vers les côtés quelques soies obscures et redressées, assez longues et bien distinctes ; presque lisse, avec deux points légers mais assez visibles, transversalement disposés vers le tiers postérieur du milieu du dos ; marqué parfois vers la base de deux impressions effacées ou à peine apparentes ; d'un noir de poix assez brillant. *Repli inférieur* lisse, d'un roux de poix plus ou moins foncé.

Écusson glabre, presque lisse, d'un noir de poix assez brillant.

Élytres formant ensemble un carré fortement transverse ; sensiblement plus longues que le prothorax ; un peu plus larges en arrière qu'en avant et subrectilignes sur leurs côtés ; non visiblement sinuées au sommet vers leur angle postéro-externe avec le sutural rentrant à peine et presque droit ; subdéprimées sur leur disque, très-faiblement impressionnées sur la suture derrière l'écusson ; très-finement et éparsement pubescentes ; très-obsolètement ou à peine chagrinées et, de plus, finement et éparsement ponctuées avec la ponctuation obsolètement granulée, presque uniforme ou à peine plus faible intérieurement ; d'un noir de poix assez brillant. *Épaules* assez saillantes, arrondies.

Abdomen peu allongé, presque aussi large à sa base que les élytres, de deux fois à deux fois et demie plus prolongé que celles-ci ; subarqué sur les côtés et un peu atténué postérieurement dès le milieu ou le tiers basilaire; légèrement et longitudinalement convexe sur le dos; très-finement et éparsement pubescent; offrant en outre sur les côtés et vers le sommet quelques légères soies obscures, redressées et plus ou moins obsolètes; très-finement, légèrement et assez densement pointillé sur les 3 premiers segments et sur le 6e, un peu plus éparsement sur les 4e et 5e; entièrement d'un noir assez brillant. *Les 3 premiers segments* faiblement sillonnés en travers à leur base avec le fond des sillons lisse; *le* 5e largement tronqué et muni à son bord apical d'une fine membrane pâle; offrant sur le dos au-devant de celle-ci une rangée transversale de très-petits grains élevés. *Le* 6e parfois assez saillant, à ponctuation finement granulée. *Celui de l'armure* peu distinct, pubescent.

Dessous du corps éparsement pubescent, finement et subéparsement ponctué; d'un noir de poix brillant. *Métasternum* assez convexe. *Ventre* convexe, à ponctuation subrâpeuse, à 5e arceau subégal au précédent: le 6e peu saillant.

Pieds assez allongés, légèrement pubescents, à peine pointillés, d'un testacé pâle et brillant. *Cuisses* sublinéaires ou à peine élargies vers leur milieu. *Tibias* grêles, droits ou presque droits, très-finement ciliés sur leurs tranches: *les postérieurs* presque aussi longs que les cuisses. *Tarses* étroits, subcomprimés, subfiliformes, assez longuement ciliés en dessous, à peine en dessus: *les antérieurs* courts, *les intermédiaires* plus développés: *les postérieurs* suballongés, évidemment moins longs que les tibias, à 1er article visiblement plus long que le suivant: les 2e à 4e oblongs, subégaux ou graduellement à peine plus courts.

Patrie: Cette espèce est très-rare. Elle vit dans les bolets. Elle a été capturée dans les environs de Lyon.

Obs. Elle est extrêmement voisine des *Gyrophæna polita* et *strictula* Elle est un peu moindre, un peu plus atténuée en avant. Mais le caractère dominant réside dans les antennes qui sont manifestement plus courtes, avec les pénultièmes articles (7 à 10) plus fortement transverses et le dernier plus raccourci. En outre, le prothorax paraît plus lisse; les élytres ont une ponctuation presque uniformément marquée, et l'abdomen est plus visiblement pointillé.

Mylloena pubescens, Mulsant et Rey.

Oblongue, assez large, assez convexe; finement, peu densement et assez longuement pubescente; très-finement, densement et obsolètement chagrinée; d'un rouge-brun assez brillant avec la tête et l'abdomen d'un noir de poix, le sommet de celui-ci, la bouche et les antennes d'un roux-testacé, la base de celles-ci et les pieds testacés. Antennes assez grêles, faiblement épaissies vers leur extrémité, à pénultièmes articles (8 à 10) *à peine aussi longs que larges. Prothorax presque aussi long que large, rétréci en avant, arqué sur les côtés, à peine plus large en arrière que les élytres, à angles postérieurs subobtus. Elytres très-courtes, à peine plus longues que la moitié du prothorax, sensiblement convexes. Abdomen assez fortement rétréci postérieurement, assez fortement convexe, éparsement sétosellé. Tarses postérieurs allongés, à peine moins longs que les tibias.*

♂. *Le* 6e *arceau ventral* fortement arrondi et assez longuement cilié à son bord apical.

♀. *Le* 6e *arceau ventral* subéchancré et brièvement cilié à son bord apical.

Long. 0m,0025 (1 1/6 l.). — Larg. 0m,0010 (1/2 l.).

Corps oblong, assez large, assez convexe, très-finement, densement et obsolètement chagriné: d'un rouge-brun assez brillant avec la tête et l'abdomen d'un noir de poix, et l'extrémité de celui-ci d'un roux-testacé: revêtu d'une fine pubescence cendrée, assez longue, couchée et peu serrée.

Tête verticale, à peine aussi large que la moitié de la base du prothorax; finement pubescente: très-finement et obsolètement chagrinée ou presque lisse: d'un noir de poix assez brillant. *Front* large, convexe. *Epistome* assez convexe, rétréci en forme de cône dans sa partie supérieure. *Labre* subconvexe, presque lisse, d'un roux-testacé. *Parties de la bouche* d'un roux-testacé.

Yeux subovalaires, noirâtres.

Antennes assez grêles, un peu plus longues que la tête et le prothorax réunis; faiblement et graduellement épaissies vers leur extrémité; très-finement et densement duveteuses et en outre éparsement et brièvement pilosellées surtout vers le sommet de chaque article; d'un roux de poix testacé avec le 1er article plus pâle : celui-ci suballongé, légèrement renflé en massue : le 2e allongé obconique, un peu moins épais mais sensiblement plus long que le 1er : le 3e suballongé, obconique, un peu plus grêle et beaucoup moins long que le 2e : les 4e à 10e en forme de tronçons de cône, contigus, graduellement un peu plus épais et à peine moins longs : les 4e à 7e oblongs : les 8e à 10e aussi longs ou à peine aussi longs que larges : le dernier évidemment moins long que les deux précédents réunis, ovale-oblong, acuminé au sommet.

Prothorax grand, presque aussi long que large; largement subéchancré au sommet avec les angles antérieurs subinfléchis, obtus et subarrondis; plus étroit en avant; à peine plus large postérieurement que les élytres; sensiblement et régulièrement arqué sur les côtés; très-faiblement arrondi à sa base avec celle-ci non ou à peine sinuée de chaque côté près des angles postérieurs qui sont un peu obtus mais à peine émoussés, non ou à peine recourbés en arrière; sensiblement convexe sur son disque, un peu plus fortement dans sa partie antérieure; finement, subéparsement et assez longuement pubescent; très-finement, densement et obsolètement chagriné; entièrement d'un rouge-brun assez brillant.

Ecusson finement pubescent, très-finement chagriné, d'un rouge-brun un peu brillant.

Elytres très-courtes, formant ensemble un carré très-fortement transverse; aussi longues ou à peine plus longues à la suture que la moitié du prothorax; subparallèles et presque subrectilignes sur leurs côtés; distinctement, arcuément et simultanément échancrées à leur bord apical; sensiblement et subangulairement sinuées au sommet vers leur angle postéro-externe, avec le sutural presque droit; sensiblement convexes sur leur disque; finement, assez longuement et éparsement ou modérément pubescentes; très-finement, densement et obsolètement chagrinées; entièrement d'un rouge-brun un peu ou assez brillant. *Epaules* cachées.

Abdomen peu allongé, aussi large à sa base que les élytres, environ trois fois plus prolongé que celles-ci ; assez fortement et graduellement atténué en arrière ; assez fortement et longitudinalement convexe sur le dos ; très-finement pubescent, avec la pubescence un peu plus serrée que celle des élytres ; offrant en outre sur les côtés, surtout dans leur partie postérieure, quelques rares et longues soies obscures, plus ou moins redressées et souvent caduques ; très-finement, très-densement et obsolètement ou à peine chagriné ; d'un noir de poix assez brillant avec le 6e segment et l'extrémité du 5e d'un roux plus ou moins testacé, et le bord apical de chacun des précédents d'un roux-brunâtre. *Le 5e segment* beaucoup plus développé que le précédent, largement tronqué et muni à son bord apical d'une fine membrane pâle. *Le 6e* saillant, plus ou moins angulé à son sommet. *Celui de l'armure* caché mais laissant apparaître deux pinceaux de longues soies obscures.

Dessous du corps finement pubescent, finement chagriné, d'un noir de poix assez brillant avec l'extrémité du ventre d'un roux-testacé et les intersections ventrales plus ou moins roussâtres. *Métasternum* en majeure partie caché, faiblement convexe. *Ventre* convexe, obsolètement sétosellé dans sa partie postérieure, à 5e arceau subégal au précédent : le 6e saillant.

Pieds peu allongés, très-finement pubescents, très-finement chagrinés, d'un testacé assez brillant. *Cuisses* sensiblement élargies surtout vers leur base. *Tibias* graduellement subépaissis vers leur extrémité, droits ou presque droits, très-finement ciliés sur leurs tranches : *les intermédiaires* et *postérieurs* parés en outre sur le milieu de leur tranche externe d'une soie obscure, assez longue, subredressée, assez raide ou subspiniforme : *les postérieurs* plus grêles, un peu moins longs que les cuisses. *Tarses* sétiformes, subcomprimés, assez longuement ciliés en dessous, à peine en dessus : *les antérieurs* courts, *les intermédiaires* un peu moins courts : *les postérieurs* allongés, à peine moins longs que les tibias, à 1er article suballongé, presque aussi long que les deux suivants réunis : les 2e à 4e oblongs, subégaux.

Patrie : Cette espèce se prend dans les Pyrénées, où elle est assez rare.

Obs. Elle ressemble beaucoup à la *Myllaena gracilis*, Heer. Elle en diffère de prime abord par sa forme plus couvexe et par sa couleur généralement plus foncée. Les antennes sont un peu plus obscures ; le prothorax paraît un peu moins long avec ses angles antérieurs, sinon moins obtus, mais moins arrondis. Les élytres, plus convexes, sont à peine moins courtes. La chagrination est plus obsolète, ce qui donne à tout le dessus du corps une teinte un peu plus brillante. Le prothorax et les élytres manquent de soies redressées vers les côtés, et celles de l'abdomen sont plus rares et moins distinctes. Mais toutes ces légères différences nous sembleraient peu concluantes, si la pubescence ne se fût montrée à notre examen constamment plus longue, moins fine et surtout moins serrée.

Myllaena valida ; Mulsant et Rey.

Oblongue, assez large, légèrement convexe ; très-finement et densement pubescente ; très-finement et très-densement chagrinée ; d'un noir mat avec le sommet de l'abdomen d'un roux-brunâtre, la bouche, le 1er article des antennes et les pieds d'un roux-testacé. Antennes grêles, subfiliformes, à pénultièmes articles évidemment plus longs que larges. Prothorax transverse, fortement rétréci en avant, assez fortement arqué sur les côtés, aussi large postérieurement que les élytres, à angles postérieurs droits et sensiblement recourbés en arrière. Elytres courtes, sensiblement moins longues que le prothorax, légèrement convexes. Abdomen fortement atténué en arrière, sensiblement convexe, fortement et éparsement sétosellé. Tarses postérieurs allongés, aussi longs que les tibias.

♂. *Le 6e segment abdominal* prolongé à son sommet en angle aigu. *Le 6e arceau ventral* étroitement arrondi à son bord postérieur.

♀. *Le 6e segment abdominal* prolongé à son sommet en angle obtus et mousse. *Le 6e arceau ventral* obtusément arrondi ou subtronqué à son bord postérieur.

Long. 0m,0033 (1 l. 1/2). — Larg. 0m,0012 (1/2 l.).

Corps oblong, assez large, légèrement convexe ; très-finement et très-densement chagriné, d'un noir mat ou presque mat avec le sommet de l'abdomen d'un roux-brunâtre; revêtu d'une très-fine pubescence d'un cendré obscur, assez courte, déprimée et serrée.

Tête verticale, à peine plus large que le tiers de la base du prothorax ; très-finement pubescente ; très-finement et très-densement chagrinée; d'un noir mat ou presque mat. *Front* large, assez convexe. *Epistome* convexe, assez brillant, presque lisse. *Labre* sensiblement convexe, presque lisse, testacé ou d'un roux-testacé, finement et éparsement cilié en avant. *Parties de la bouche* d'un roux-testacé avec le *pénultième article des palpes maxillaires* souvent un peu plus foncé.

Yeux subovalaires, noirs.

Antennes grêles, un peu plus longues que la tête et le prothorax réunis; subfiliformes ou à peine plus épaisses vers leur extrémité; très-finement duveteuses et en outre éparsement et très-brièvement ou à peine pilosellées : plus ou moins obscures avec le 1er article d'un roux-testacé parfois assez clair : celui-ci suballongé, légèrement mais visiblement renflé en massue : le 2e allongé, obconico-subcylindrique, évidemment plus long et un peu plus grêle que le 1er : le 3e suballongé, obconique, beaucoup moins long et à peine plus étroit que le 2e : les 4e à 10e en forme de tronçons de cône, contigus, graduellement à peine plus courts, tous oblongs ou évidemment plus longs que larges avec les pénultièmes à peine plus épais : le dernier moins long que les deux précédents réunis, ovale-oblong, acuminé au sommet.

Prothorax transverse, presque une fois et un tiers aussi large que long; largement subéchancré au sommet avec les angles antérieurs subinfléchis, obtus et arrondis : fortement rétréci en avant; aussi large postérieurement que les élytres ; assez fortement et régulièrement arqué sur les côtés ; à peine arrondi à sa base avec celle-ci distinctement sinuée de chaque côté vers les angles postérieurs qui sont bien marqués, droits et sensiblement recourbés en arrière ; passablement convexe sur son disque ; très-finement et densement pubescent ; très-finement, très-densement et subobsolètement chagriné; entièrement d'un noir mat ou presque mat.

Ecusson plus ou moins caché, finement duveteux, très-finement chagriné, brunâtre et presque mat.

Elytres courtes, formant ensemble un carré fortement transverse : sensiblement ou presque d'un tiers moins longues que le prothorax ; subparallèles ou à peine arquées sur leurs côtés ; arcuément et simultanément subéchancrées à leur bord apical ; circulairement sinuées au sommet vers leur angle postéro-externe avec le sutural presque droit ; légèrement convexes sur leur disque ; très-finement et densement pubescentes ; très-finement et très-densement chagrinées ; entièrement d'un noir mat ou presque mat. *Epaules* cachées.

Abdomen généralement peu allongé, aussi large à sa base que les élytres ; de 3 fois à 3 fois et 1/2 plus prolongé que celles-ci ; fortement et graduellement atténué ou comme acuminé en arrière ; sensiblement et longitudinalement convexe sur le dos ; très-finement et très-densement pubescent ou comme duveteux ; offrant en outre sur les côtés et sur le dos, surtout dans leur partie postérieure, de longues soies obscures plus ou moins redressées, peu nombreuses mais bien distinctes, assez raides ou subspiniformes ; très-finement, très-densement et subobsolètement chagriné ; d'un noir mat ou presque mat avec le 6e segment, l'extrémité du 5e et parfois le bord apical de chacun des précédents d'un roux-foncé ou brunâtre. *Le 5e segment* sensiblement plus développé que les précédents, largement tronqué et muni à son bord apical d'une fine membrane pâle. *Le 6e* très-saillant, plus ou moins angulé à son sommet. *Celui de l'armure* caché mais émettant souvent deux lanières distinctes et garnies d'un pinceau de longues soies obscures.

Dessous du corps finement duveteux, très-finement chagriné, d'un noir presque mat avec le sommet du ventre et souvent les intersections ventrales d'un roux-brunâtre. *Métasternum* en majeure partie caché, faiblement convexe. *Ventre* convexe, fortement et éparsement sétosellé surtout dans sa partie postérieure ; à 5e arceau subégal au précédent : le 6e saillant, plus ou moins arrondi au sommet.

Pieds peu allongés, finement duveteux, très-finement chagrinés, d'un roux-testacé presque mat avec les hanches antérieures et intermédiaires un peu obscurcies ou au moins à leur base, les postérieures noires avec le bord apical de leur lame inférieure roussâtre. *Cuisses* élargies vers leur base. *Tibias* graduellement épaissis vers leur extrémité, droits ou presque droits, non ou à peine ciliés sur leurs tranches :

les intermédiaires et postérieurs parés vers le milieu de leur tranche externe d'une assez longue soie obscure, subredressée et subspiniforme; *les postérieurs* plus grêles, un peu moins longs que les cuisses. *Tarses* sétiformes, subcomprimés, assez longuement ciliés en dessous, à peine en dessus : *les antérieurs* courts, *les intermédiaires* un peu moins courts : *les postérieurs* allongés, environ de la longueur des tibias, à 1er article allongé, subégal aux deux suivants réunis : les 2e à 4e oblongs, subégaux.

Patrie: Cette espèce est assez rare. Elle se prend sur le bord des eaux, en Provence et surtout dans les environs de Marseille.

Obs. Elle se distingue de toutes ses congénères par sa taille plus grande; de la *Myllaena dubia*, Er. par les angles postérieurs du prothorax un peu plus fortement recourbés en arrière et par le sommet de l'abdomen d'un roux plus foncé ; de la *Myllaena elongata*, Kr. par les angles postérieurs du prothorax moins obtus et plus prononcés, par l'échancrure de l'angle postéro-externe des élytres profonde et moins aiguë et par son abdomen plus profondément atténué en arrière.

Phytosus semilunaris; Mulsant et Rey.

Allongé, linéaire, subdéprimé, très-finement pubescent, d'un noir presque mat avec le sommet de l'abdomen d'un roux de poix, les antennes et les pieds d'un roux testacé, et une grande tache apicale semilunaire et commune aux deux élytres d'un roux orangé. Tête un peu moins large que le prothorax, légèrement ponctuée. Prothorax à peine aussi long que large, un peu rétréci en arrière où il est un peu plus étroit que les élytres, subimpressionné vers sa base, très-finement et densement pointillé. Élytres subtransverses, un peu plus longues que le prothorax, finement et densement pointillées. Abdomen un peu moins large à sa base que les élytres, subparallèle ou faiblement élargi en arrière, assez brillant, subéparsement pubescent et finement ponctué. Tarses courts.

Long. 0m,0026 (1 1/5 l.). — Larg. 0m,00045 (1/5 l.).

Corps allongé, parallèle ou subparallèle, subdéprimé, d'un noir presque mat avec une grande tache orangée, semilunaire et commune aux deux élytres; revêtu d'une très-fine pubescence d'un gris pâle, assez longue, un peu moins serrée sur l'abdomen.

Tête épaisse, à peine arrondie sur les côtés, un peu moins large que le prothorax; très-finement pubescente; assez finement, assez densement et légèrement ponctuée; d'un noir mat ou presque mat. *Front* large, subconvexe, offrant sur son milieu, surtout dans sa partie antérieure, un espace longitudinal lisse et un peu brillant. *Épistome* assez convexe, presque lisse. *Labre* subconvexe, d'un noir de poix vers sa base, un peu roussâtre vers son extrémité, inégal ou rugueux vers son sommet avec celui-ci paré de quelques longs cils blonds. *Parties de la bouche* d'un roux testacé, avec l'extrême pointe des *mandibules* un peu rembrunie.

Yeux subarrondis, noirs.

Antennes un peu moins longues que la tête et le prothorax réunis, légèrement et graduellement épaissies vers leur extrémité; finement duveteuses et en outre à peine pilosellées; d'un roux testacé avec le dernier article à peine plus foncé : le 1er à peine épaissi en massue allongée : le 2e suballongé, obconique, un peu moins long, mais aussi épais à son extrémité que le 1er : le 3e suboblong, obconique, une fois moins long mais plus grêle que le 2e : les 4e à 10e graduellement un peu plus épais, non contigus : les 4e et 5e modérément, les 6e à 10e fortement transverses : le dernier un peu moins long que les deux précédents réunis, ovalaire, subacuminé au sommet.

Prothorax à peine aussi long que large, en forme de carré légèrement rétréci en arrière où il est un peu plus étroit que les élytres; tronqué au sommet avec les angles antérieurs subinfléchis et subobtus; modérement arqué sur les côtés qui, vu de dessus, paraissent subrectilignes en arrière, et, vus lattéralement, largement subsinués au devant des angles postérieurs qui sont obtus et subémoussés; à peine ou largement arrondi à sa base; subdéprimé sur son disque; offrant au devant de l'écusson une impression assez grande mais peu profonde, avec la ligne médiane paraissant finement canaliculée par l'effet de la divergence des poils en cet endroit; très-finement et assez densement pubescent; très-finement, densement et légèrement pointillé; entièrement d'un noir mat en dessus avec le *repli inférieur* moins foncé.

Écusson presque glabre, presque lisse et d'un noir de poix assez brillant vers son extrémité.

Élytres formant ensemble un carré subtransverse ou un peu plus large que long ; un peu plus longues que le prothorax; subparallèles et subrectilignes sur leurs côtés ; déprimées sur leur disque ; très-finement et assez densement pubescentes ; offrant en outre à leur bord apical même de légers cils courts, brillants, pâles, bien distincts et obliquement dirigés de dedans en dehors ; finement et densement pointillées ; d'un noir mat avec une grande tache d'un roux orangé, assez tranchée, semilunaire ou subtriangulaire, commune, couvrant tout le sommet depuis les angles postéro-externes auxquels elle touche à peine et remontant sur la suture jusqu'au milieu de celle-ci ou au-delà. *Épaules* étroitement arrondies.

Abdomen un peu moins large à sa base que les élytres, environ trois fois plus prolongé que celles-ci ; subparallèle ou faiblement et graduellement élargi vers son extrémité ; légèrement convexe sur le dos ; très-finement pubescent avec la pubescense un peu moins serrée que celle des élytres, et des cils plus longs et plus distincts au bord apical des quatre premiers segments ; offrant en outre, surtout dans sa partie postérieure, quelques légères et rares soies obscures et redressées ; finement et assez densement ponctué ; d'un noir assez brillant avec le 6e segment d'un roux de poix ainsi que l'extrémité du précédent. *Le 2e basilaire* apparent, *les quatre premiers* assez fortement impressionnés en travers à leur base avec le fond des sillons glabre et seulement finement chagriné : *le* 5e muni à son bord apical d'une fine membrane pâle : *le* 6e peu saillant, obtusément arrondi à son bord postérieur : *celui de l'armure* peu distinct.

Dessous du corps finement et modérément pubescent, finement et densement pointillé, d'un noir assez brillant avec le sommet du ventre un peu roussâtre. *Métasternum* subconvexe. *Ventre* convexe, à ponctuation subrâpreuse, à 5e arceau un peu plus développé que les précédents : le 6e peu saillant.

Pieds finement pubescents, obsolètement pointillés, entièrement d'un roux testacé peu brillant avec les hanches à peine plus foncées. *Tibias antérieurs et intermédiaires* subarqués sur leur arête extérieure, à épines longues et subinclinées : *les postérieurs* aussi longs que les cuisses, simplement ciliés. *Tarses* courts et assez épais, subfiliformes, finement et assez brièvement ciliés en dessous : *les postérieurs* un peu moins courts que les autres, beaucoup moins longs que les tibias.

PATRIE. Cette espèce intéressante a été découverte dans les environs de Cette, sous les fucus, par M. Valéry Mayet qui a eu l'obligeance de nous la communiquer.

Obs. Elle est un peu plus grande que le *Phytosus spinifer* dont elle se distingue au premier abord par la couleur des élytres. Mais, outre ce caractère susceptible de varier, nous retrouvons dans le *Phytosus semilunaris* des antennes un peu moins courtes avec leur 3e article plus développé et les 4e à 10e moins fortement transverses. Le prothorax, un peu moins long, est à la fois moins rétréci en arrière et plus sensiblement impressionné sur le milieu de sa base. Les élytres forment ensemble un carré moins régulier ou légèrement transverse, et elles sont un peu plus déprimées. L'abdomen est plus distinctement ponctué et un peu moins convexe avec l'impression basilaire des premiers segments plus large et plus profonde. Enfin, la couleur générale est encore plus mate et la pubescence plus fine et un peu plus longue.

Diglossa sinuaticollis; MULSANT ET REY.

Allongée, peu convexe, ailée, très-finement et assez densement pubescente, d'un noir un peu brillant avec la bouche et les antennes rousses, les pieds d'un roux de poix foncé. Tête de la largeur du prothorax, assez finement, distinctement et densement pointillée avec un espace longitudinal lisse. Antennes à peine épaissies vers leur extrémité, à 3e article oblong, beaucoup plus court que le 2e. Prothorax à peine plus long que large, subsinueusement rétréci en arrière où il est presque d'une moitié plus étroit que les élytres, subconvexe, obsolètement sillonné postérieurement sur sa ligne médiane, subsinué dans le milieu de sa base, très-finement et densement pointillé avec deux points enfoncés plus apparents derrière le milieu du dos. Elytres subtransverses, à peine aussi longues que le prothorax, subdéprimées, finement et densement pointillées. Abdomen assez fortement élargi en arrière, finement, assez densement et uniformément pointillé.

Long. 0m,0020 (1 l. à peine). — Larg. 0m,0005 (1/4 l.).

Corps allongé, peu convexe, ailé, d'un noir un peu brillant; revêtu d'une très-fine pubescence cendrée, courte, couchée et assez serrée.

Tête épaissie, subarrondie, de la largeur du prothorax; à peine pubescente; distinctement et densement pointillée, avec la ponctuation évidemment moins fine que celle du prothorax; d'un noir un peu brillant. *Front* très-large, subconvexe, offrant sur son milieu un espace longitudinal lisse, bien distinct. *Epistome* convexe, presque lisse. *Labre* à peine convexe, d'un brun de poix, offrant vers son sommet quelques longs cils blonds et brillants. *Parties de la bouche* d'un roux ferrugineux.

Yeux subarrondis, noirs, à reflets micacés sur les bords.

Antennes de la longueur de la tête et du prothorax réunis; à peine et graduellement épaissies vers leur extrémité; très-finement duveteuses et en outre à peine visiblement pilosellées; d'un roux de poix assez clair ou même subtestacé; à 1er article allongé, légèrement épaissi en massue vers son extrémité : le 2e assez allongé, obconique, un peu moins long mais presque aussi épais vers son sommet que le 1er : le 3e oblong, obconique, beaucoup plus court et plus grêle que le 2e : les 4e à 10e graduellement un peu plus épais, non contigus, submoniliformes, ou subglobuleux, avec les pénultièmes légèrement ou même sensiblement transverses : le dernier moins long que les deux précédents réunis, obovalaire, obtusément acuminé au sommet.

Prothorax à peine plus long que large en avant; largement tronqué au sommet avec les angles antérieurs paraissant presque droits, vus de dessus, mais nuls, vus de côté; subarqué latéralement dans sa première moitié à partir de laquelle il se rétrécit sensiblement et subsinueusement en arrière où il est presque d'une moitié moins large que les élytres, avec les angles postérieurs à peine obtus et subarrondis, vus de dessus; visiblement subsinué dans le milieu de sa base; assez régulièrement et légèrement convexe sur son disque; offrant au-devant de l'écusson un sillon longitudinal, obsolète, prolongé au moins jusque sur le milieu du dos; très-finement et assez densement pubescent, offrant en outre sur les côtés une ou deux soies fines, assez longues et redressées : une vers les angles antérieurs et l'autre vers le milieu; très-finement et densement pointillée, avec deux points enfoncés, plus apparents, derrière le milieu du dos, peu distants et transversalement disposés ; entièrement d'un noir un peu brillant. *Repli inférieur* distinctement pointillé, assez convexe.

Ecusson à peine pubescent, très-finement pointillé à sa base, noir, lisse et brilant sur ses côtés.

Elytres formant ensemble un carré légèrement transverse; aussi longues ou à peine aussi longues que le prothorax, presque subparallèles et presque subrectilignes sur leurs côtés; non visiblement sinuées vers leur angle postéro-externe avec le sutural presque droit et à peine émoussé; subdéprimées ou à peine déprimées sur leur disque, sensiblement impressionnées sur la suture derrière l'écusson jusque environ le milieu de sa longueur; très-finement et assez densement pubescentes avec une légère soie redressée sur le côté des épaules; finement et densement pointillées avec la ponctuation presque aussi fine et presque aussi serrée que celle du prothorax; entièrement d'un noir un peu brillant. *Epaules* assez saillantes, arrondies. *Ailes* plus ou moins développées.

Abdomen allongé, un peu moins large à sa base que les élytres, de deux fois et demie à trois fois plus prolongé que celles-ci ; assez fortement et graduellement élargi en arrière; subdéprimé vers sa base, sensiblement convexe dans sa partie postérieure; très-finement et à peine pubescent, avec des cils plus longs et plus apparents au bord apical des premiers segments; offrant en outre, vers le sommet et en arrière sur les côtés, quelques légères et fines soies redressées, finement, légèrement, assez densement et uniformément pointillé; entièrement d'un noir brillant. *Le premier segment* sensiblement, *les* 2e *et* 3e plus faiblement impressionnés en travers à leur base avec le fond des impressions presque lisse : *le* 5e un peu plus développé que les précédents, largement ou à peine échancré et muni à son bord apical d'une fine membrane blanchâtre. *Le* 6e peu saillant, assez largement tronqué au sommet. *Celui de l'armure* distinct, finement pubescent, éparsement sétosellé, finement et densement pointillé.

Dessous du corps finement et modérément pubescent, finement et densement pointillé, d'un noir brillant. *Métasternum* assez convexe, offrant sur son milieu quatre points enfoncés, plus apparents et plus forts, distants et disposés en quadrille transverse. *Ventre* convexe, avec des cils plus longs et plus distincts au bord apical de chaque arceau : le 5e plus grand que les précédents : le 6e un peu saillant, visiblement prolongé en angle obtus à son bord postérieur.

Pieds allongés, finement et éparsement pubescents, légèrement pointillés, d'un roux de poix assez brillant et plus ou moins foncés avec les genoux et les tarses plus clairs. *Cuisses* sublinéaires, un peu atténuées vers leur extrémité. *Tibias* assez grêles, droits ou presque droits, un peu moins longs que les cuisses, finement et assez longuement ciliés sur leurs tranches, parés vers le milieu de leur tranche externe d'une longue et fine soie redressée : *les postérieurs* un peu recourbés en dedans avec leur sommet, vus de dessus leur tranche supérieure. *Tarses* courts, assez épais, beaucoup moins longs que les tibias, un peu élargis vers leur extrémité, assez longuement ciliés en dessous : *les postérieurs* un peu moins courts que les autres, à 1er article oblong, plus long que le suivant : les 2e et 3e courts, subégaux : le dernier épais, au moins aussi long que les deux précédents réunis.

Patrie. Cette espèce se trouve sur le littoral de la Manche où elle est plus rare que la *Diglossa submarina*. Fairmaire.

Obs. Elle ressemble beaucoup à cette dernière, mais elle est un peu moins densement pubescente, un peu plus grande et d'un noir un peu plus brillant. Les élytres sont un peu plus courtes et plus larges relativement à la base du prothorax, et celui-ci, plus régulièrement convexe dans sa partie antérieure, se rétrécit plus subitement en arrière. Il offre sur le dos, après le milieu, deux petits points enfoncés plus apparents que les autres, peu distants et transversalement disposés. Il présente en outre, dans la dernière moitié de sa ligne médiane, un sillon obsolète mais distinct, et dans le milieu de sa base un sinus léger, pourtant bien visible. Mais le caractère le plus saillant de cette espèce, c'est d'avoir l'abdomen beaucoup plus fortement élargi en arrière, plus densement et uniformément pointillé. On peut encore ajouter à tous ces signes une tête plus distinctement pointillée avec un espace longitudinal lisse bien apparent, etc.

Diglossa crassa; Mulsant et Rey.

Allongée, épaisse, peu convexe, aptère, finement et densement pubescente ou subtomenteuse, d'un brun de poix brillant avec l'abdomen noir, la bouche, les antennes et les pieds d'un roux testacé. Tête très-épaisse, un peu plus large que le prothorax, finement et très-densement pointillée. Antennes faiblement épaissies vers leur extrémité, à 3e article suballongé, sensiblement moins long que le 2e. Prothorax aussi long que large, assez fortement et subrectilinéairement rétréci en arrière où il est d'un tiers moins large que les élytres, subconvexe, subsillonné sur sa ligne médiane, tronqué à sa base, finement et très-densement pointillé. Élytres très-fortement transverses, beaucoup moins longues que le prothorax, déprimées, finement et très-densement pointillées. Abdomen épais, fortement élargi en arrière, finement et assez densement pointillé.

Long. 0m,0020 (1 l. à peine). — Larg. 0m,0005 (1/4 l.).

Corps épais, allongé, peu convexe, aptère, d'un brun de poix presque mat avec l'abdomen noir et plus brillant ; revêtu d'une fine pubescence cendrée courte, plus ou moins couchée, plus ou moins serrée et subtomenteuse.

Tête très-épaisse, transversalement subarrondie, un peu plus large que le prothorax, finement pubescente, finement et très-densement pointillée, d'un brun de poix peu brillant. *Front* très-large, subconvexe, offrant tout à fait en avant un léger trait longitudinal presque lisse et raccourci. *Epistome* très-court, assez convexe, obsolètement ponctué. *Labre* à peine convexe, à peine ruguleux, d'un roux de poix éparsement cilié en avant. *Parties de la bouche* testacées ou d'un roux testacé avec *les mandibules* ferrugineuses.

Yeux subarrondis, noirâtres, plus ou moins micacés sur leurs bords.

Antennes à peine aussi longues que la tête et le prothorax réunis ; légèrement et graduellement épaissies vers leur extrémité ; sensiblement ciliées inférieurement, surtout sur les 2e et 3e articles ; très-finement duveteuses et en outre à peine ou très-brièvement pilosellées ;

entièrement d'un roux testacé assez clair ; à 1er article allongé, légèrement épaissi en massue vers son extrémité, paré après le milieu de son arête supérieure d'un long cil redressé : le 2e allongé, obconique, aussi long et presque aussi épais que le 1er : le 3e oblong ou même suballongé, sensiblement moins long et évidemment plus grêle que le 2e : les 4e à 10e graduellement un peu plus épais, non contigus, submoniliformes ; le 4e subglobuleux , les 5e à 10e légèrement transverses avec les pénultièmes un peu plus fortement : le dernier sensiblement moins long que les deux précédents réunis, courtement ovalaire, obtusément acuminé au sommet.

Prothorax à peu près aussi long que large en avant ; obtusément tronqué ou même à peine arrondi au sommet avec les angles antérieurs paraissant presque droits, vus de dessus, et nuls, vus de côté ; subarqué latéralement dans son premier tiers et puis graduellement, subrectilinéairement et assez fortement rétréci en arrière où il est environ d'un tiers moins large que les élytres, avec les angles postérieurs un peu obtus et à peine émoussés, vus de dessus ; tronqué presque en ligne droite à sa base ; subconvexe sur son disque ; offrant sur sa ligne médiane un sillon léger mais bien distinct, affaibli antérieurement, plus prononcé en arrière; finement et densement pubescent avec la pubescence subtomenteuse ; offrant en outre, surtout sur les côtés, deux ou trois longues et fines soies redressées ; finement et très-densement pointillé; entièrement d'un brun de poix peu brillant ou presque mat. *Repli inférieur* subconvexe, finement et densement pointillé. *Écusson* à peine pubescent, très-finement pointillé, d'un brun de poix peu brillant et à peine roussâtre.

Elytres très courtes, formant ensemble un carré très-fortement transverse ; presque d'une moitié moins longues que le prothorax ; sensiblement plus larges en arrière qu'en avant et subrectilignes sur leurs côtés; non visiblement sinuées au sommet vers leur angle postéro-externe avec le sutural rentrant un peu et émoussé; déprimées sur leur disque ; densement pubescentes avec la pubescence semicouchée et subtomenteuse ; offrant en outre sur le côté des épaules un long cil mou, plus ou moins redressé et plus ou moins arqué ; finement et très-densement pointillées avec la ponctuation à peu près aussi fine et aussi serrée que celle du prothorax; entièrement d'un brun de poix peu brillant et un peu roussâtre. *Epaules* assez saillantes, subarrondies.

Abdomen assez allongé, un peu moins large à sa base que les élytres, environ quatre fois plus prolongé que celles-ci; fortement et graduellement élargi et épaissi en arrière; subdéprimé vers sa base, assez fortement convexe postérieurement; très-finement et subéparsement pubescent sur le dos, plus densement, plus distinctement et subtomenteusement sur les tranches latérales; offrant en outre, surtout dans sa partie postérieure, quelques longues soies très-fines et redressées; finement, assez densement et uniformément pointillé; d'un noir assez brillant avec le sommet couleur de poix. *Les trois premiers segments* faiblement impressionnés en travers à leur base avec le fond des impressions très-obsolètement pointillé ou presque lisse : *le* 5e un peu ou à peine plus développé que les précédents, largement tronqué ou à peine échancré et sans membrane sensible à son bord apical. *Le* 6e assez saillant, subarrondi au sommet. *Celui de l'armure* distinct, densement pubescent. *Dessous du corps* finement pubescent, finement et densement pointillé, d'un noir assez brillant avec le sommet du ventre couleur de poix. *Métasternum* assez conveve. *Ventre* très-convexe, à 5e arceau subégal au précédent ou à peine plus grand : le 6e saillant, arrondi à son bord postérieur, dépassant un peu le segment abdominal correspondant.

Pieds allongés, finement pubescents, finement pointillés, d'un testacé ou d'un roux testacé assez brillant. *Cuisses* un peu atténuées vers leur extrémité. *Tibias* assez grêles, droits ou presque droits, un peu moins longs que les cuisses, distinctement ciliés sur leurs tranches, parés sur l'externe de deux longues soies fines et redressées. *Tarses* épais, courts, beaucoup moins longs que les tibias, sublinéaires, finement ciliés en dessous, éparsement en dessus : *les postérieurs* un peu moins courts que les autres, à 1er article oblong, plus long que le suivant : les 2e et 3e courts, subégaux; le dernier épais, au moins aussi long que les deux précédents réunis.

Patrie. Cette espèce a été prise, au mois de juin, dans les environs d'Hyères (Provence), sur le sable humide du bord de la mer.

Obs. Elle est remarquable d'entre ses congénères par sa forme plus épaisse, par sa couleur moins noire, par sa pubescence plus apparente, moins couchée et subtomenteuse. Surtout, ses élytres sont beaucoup plus courtes que dans aucune autre, et elles sont sensiblement élargies d'avant en arrière.

Tachyusa objecta; MULSANT ET REY.

Allongée, assez étroite, subdéprimée, très-finement et très-densement pubescente, très-finement et très-densement pointillée, d'un brun de poix un peu brillant avec la bouche, la base des antennes et les pieds testacés. Tête à peine moins large que le prothorax. Antennes à pénultièmes articles suboblongs. Prothorax subtransverse, à peine moins large en arrière que les élytres, égal ou sans impression vers sa base. Élytres subtransverses, subdéprimées, un peu plus longues que le prothorax, à peine arquées sur les côtés. Abdomen légèrement resserré à sa base, subconvexe, très-finement et très-densement pointillé ou comme finement chagriné, très-éparsement mais distinctement sétosellé sur le dos. Tarses postérieurs allongés, un peu moins longs que les tibias.

♂ *Le 5e segment abdominal* obtusément tronqué à son bord apical. *Le 6e arceau ventral* prolongé et fortement arrondi à son sommet, dépassant de beaucoup le segment abdominal correspondant.

♀ *Le 5e segment abdominal* subarrondi à son bord apical. *Le 6e arceau ventral* non prolongé, à peine arrondi ou même subsinueusement tronqué à son sommet, dépassant à peine ou non le segment abdominal correspondant.

Var. a. *Élytres* d'un brun plus ou moins roussâtre ainsi que l'extrémité des deux premiers segments de l'abdomen.

Var. b. *Prothorax, élytres et les deux premiers segments de l'abdomen* entièrement d'un brun roussâtre.

Long. 0m,0030 (1. l. 1/3). — Larg. 0m,0005 (1/4 l.).

Corps allongé, assez étroit, subdéprimé, très-finement et très-densement pointillé, d'un brun de poix assez brillant; revêtu d'une très-fine pubescence d'un blond cendré, courte, couchée et serrée.

Tête transverse, subarrondie, à peine moins large que le prothorax, très-finement pubescente, très-finement et très-densement pointillée, plus éparsement en avant; d'un brun de poix assez brillant. *Front* large, subconvexe, offrant souvent sur son milieu une légère fossette subarrondie. *Épistome* convexe, lisse. *Labre* subconvexe, d'un roux de poix, presque lisse vers sa base, éparsement cilié en avant avec les cils pâles et assez longs. *Parties de la bouche* d'un roux plus ou moins testacé. *Pénultième article des palpes maxillaires* légèrement cilié.

Yeux subovalairement arrondis, noirs.

Antennes à peine plus longues que la tête et le prothorax réunis; faiblement et graduellement épaissies vers leur extrémité; très-finement duveteuses et en outre à peine ciliées vers le sommet de chaque article; d'un roux parfois assez obscur avec la base plus claire ou testacée; à 1er article allongé, sensiblement épaissi en massue subelliptique: les 2e et 3e obconiques: le 2e allongé, à peine moins long que le 1er: le 3e suballongé, un peu plus grêle et un peu moins long que le 2e: les 4e à 10e plus courts, subégaux mais graduellement un peu plus épais, suboblongs et jamais subtransverses: le dernier un peu moins long que les deux précédents réunis, ovale-oblong, obtus au sommet.

Prothorax subtransverse, un peu moins long que large; non visiblement rétréci en arrière où il est un peu ou à peine moins large que les élytres; subtronqué au sommet avec les angles antérieurs fortement infléchis et arrondis; paraissant, vu de dessus, légèrement arqué antérieurement sur les côtés, avec ceux-ci presque parallèles et subrectilignes en arrière, mais, vus latéralement, largement sinués au-devant des angles postérieurs qui sont droits ou presque droits; largement et obtusément arrondi à sa base avec celle-ci subtronquée au-devant de l'écusson; subconvexe sur son disque, sans impression sensible vers sa base; très-finement et très-densement pointillé, d'un noir ou d'un brun de poix un peu brillant.

Écusson très-finement pubescent, très-finement pointillé, d'un brun de poix un peu brillant.

Élytres formant ensemble un carré subtransverse ou un peu moins long que large; un peu plus longues que le prothorax; subparallèles dans leur ensemble ou à peine arquées sur leurs côtés; simultanément subentaillées à leur sommet vers l'angle sutural qui est émoussé; distinctement sinuées près de leur angle postéro-exterme qui est un peu prolongé en arrière; subdéprimées sur leur disque, subimpressionnées sur la suture derrière l'écusson; très-finement et très-densement pointillées: d'un brun de poix un peu brillant et parfois un peu roussâtre, surtout vers l'extrémité. *Épaules* peu saillantes, subarrondies.

Abdomen allongé, légèrement resserré vers sa base où il est néanmoins sensiblement moins large que les élytres prises ensemble; de trois fois à trois fois et demie plus prolongé que celles-ci; presque subparallèles ou à peine subarcuément élargi vers son extrémité; sensiblement convexe vers sa base, un peu plus fortement en arrière; très-finement et très-densement pubescent avec la pubescence encore plus fine que celle des élytres et comme duveteuse, et les deux premiers segments garnis sur leurs côtés et vers leur sommet de cils plus longs et plus apparents: parsemé en outre sur le dos et sur les côtés de quelques soies obscures et redressées, médiocrement longues et bien distinctes: celles du dos disposées en séries transversales, situées vers le bord apical dans les quatre premiers segments, vers le tiers antérieur dans le 5e; très-finement et très-densement pointillé ou comme finement chagriné: d'un noir ou d'un brun de poix un peu brillant avec le sommet des deux premiers segments un peu roussâtre. *Les 3 premiers* fortement sillonnés en travers à leur base avec le fond des sillons assez fortement et longitudinalement ridé: *le* 5e à peine plus long que le précédent, largement tronqué et muni à son bord apical d'une étroite membrane pâle. *Le* 6e peu saillant. *Celui de l'armure* enfoui. *Dessous du corps* très-finement et très-densement pubescent; très-finement, très-densement mais subobsolètement pointillé; d'un noir ou d'un brun de poix assez brillant. *Métasternum* assez convexe, parfois subdénudé dans le milieu de sa partie postérieure. *Ventre* très-convexe, parfois d'un roux foncé à sa base, très-éparsement ou obsolètement sétosellé vers son extrémité, avec les trois premiers arceaux assez fortement resserrés à leur naissance, l'étranglement rugueux, celui du

1er fortement et très-grossièrement ponctué : le 1er assez développé, les 2e à 4e moins longs, subégaux : le 5e beaucoup plus court que le précédent: le 6e assez saillant, plus ou moins prolongé.

Pieds allongés, finement et densement pubescents, très-finement, densement et légèrement pointillés, d'un testacé assez brillant avec les hanches rousses. *Cuisses* étroites, faiblement élargies avant ou vers leur milieu. *Tibias* assez grèles, presque droits : *les intermédiaires et postérieurs* aussi longs que les cuisses: *les postérieurs* paraissant, vus de dessus leur tranche supérieure, à peine fléchis en dedans avant leur sommet. *Tarses* étroits, subfiliformes, assez densement et assez longuement ciliés en dessous, éparsement en dessus: *les antérieurs* courts, *les intermédiaires* moins courts : *les postérieurs* allongés, un peu moins longs que les tibias, à 1er article très-allongé, aussi long que les deux suivants réunis : les 2e à 4e suballongés, graduellement un peu moins longs.

Patrie : Cette espèce a été trouvée dans le Beaujolais, aux environs de Belleville, sur les bords de la Saône. Elle y est rare.

Obs. Quelquefois elle a l'abdomen d'un roux de poix à sa base, et alors elle ressemble à la *Tachyusa concinna*, Heer. Mais elle s'en distingue abondamment par ses antennes à pénultièmes articles plus longs ; par son prothorax plus court, moins étroit relativement aux élytres ; par celles-ci un peu moins longues et un peu moins arquées sur les côtés : et surtout par son abdomen moins resserré à sa base, moins élargi en arrière, plus finement et plus densement pubescent, plus finement et plus densement pointillé. Le dessus du corps est aussi un peu moins brillant et un peu moins convexe. Le 3e article des antennes est un peu moins long par rapport au 2e, etc.

Par son abdomen peu resserré à la base, cette espèce conduit à la *Tachyusa scitula*, Erichson, dont elle a le port, mais avec une taille moins avantageuse, une forme plus déprimée, des antennes plus grèles et à articles intermédiaires (5 à 10) sensiblement plus allongés, etc.

Aléochara fuliginosa; Mulsant et Rey.

Allongée, subdéprimée, assez finement et assez densement pubescente, d'un noir mat avec la bouche, les antennes et les pieds d'un roux obscur. Tête sensiblement moins large que le prothorax, assez grossièrement et assez densement ponctuée sur les côtés. Antennes courtes, avec le 3e article à peine moins long que le 2e. Prothorax transverse, un peu moins large que les élytres ; sensiblement arqué sur les côtés, avec ceux-ci subsinués au devant des angles postérieurs qui sont peu obtus ; finement et assez densement ponctué. Élytres assez fortement transverses, subdéprimées, un peu plus longues que le prothorax, obsolètement et densement ponctuées. Abdomen subparallèle, légèrement et subéparsement ponctué. Tarses postérieurs peu allongés.

♂ *Le 6e segment abdominal* subsinueusement tronqué à son bord apical. *Le 6e arceau ventral* obtusément angulé à son sommet.

♀ Nous est inconnue.

Long. 0m,0044 (2 l.). — Larg. 0m,0011 (1/2 l.).

Corps allongé, subdéprimé, très-finement chagriné ; d'un noir mat ; revêtu d'une assez fine pubescence blanchâtre, bien visible, assez longue, couchée et assez serrée.

Tête en carré subarrondi aux angles, sensiblement moins large que le prothorax ; distinctement mais assez courtement et peu densement pubescente : très-finement chagrinée et en outre assez grossièrement mais légèrement et assez densement ponctuée ; offrant en avant un grand espace triangulaire imponctué ; entièrement d'un noir tout à fait mat. *Front* large, subdéprimé. *Epistome* convexe, presque lisse. *Labre* subconvexe, presque lisse, d'un roux de poix et à peine cilié vers son sommet. *Parties de la bouche* d'un roux de poix plus ou moins foncé avec les *mâchoires* testacées. *Le pénultième article des palpes maxillaires* assez longuement et éparsement cilié.

Yeux subovalaires, noirs.

Antennes sensiblement plus courtes que la tête et le prothorax réunis; assez légèrement et graduellement épaissies vers leur extrémité; très-finement duveteuses et en outre distinctement ou même assez fortement pilosellées surtout vers le sommet de chaque article; entièrement d'un roux obscur; à 1er article légèrement épaissi en massue allongée : les 2e et 3e suballongés, obconiques : le 2e sensiblement moins long que le 1er : le 3e à peine plus court mais aussi épais que le 2e : les 4e à 10e graduellement un peu plus courts et plus épais, non contigus, submoniliformes : les 4e et 5e subarrondis, aussi longs que larges : le 6e légèrement, les 7e à 10e fortement transverses : le dernier au moins aussi long que les deux précédents réunis, obovalaire ou obturbiné, obtusément acuminé au sommet.

Prothorax transverse, près d'un tiers plus large que long; pas plus étroit en avant qu'en arrière; largement tronqué au sommet avec les angles antérieurs infléchis, un peu obtus et subarrondis; sensiblement moins large à sa base que les élytres, un peu moins large en avant que celles-ci; sensiblement arqué antérieurement sur les côtés, avec ceux-ci visiblement subsinués au-devant des angles postérieurs qui sont assez marqués, peu obtus et non arrondis; légèrement arrondi à sa base avec celle-ci recouvrant à peine celle des élytres; à peine convexe sur son disque; assez finement et assez densement pubescent avec la pubescence assez longue, dirigée en long sur les côtés et en travers sur le dos; offrant en outre, en avant, latéralement et même sur le disque, quelques très-rares soies obscures et redressées, dont une plus longue vers le milieu des côtés; très-finement chagriné et en outre finement, légèrement et assez densement ponctué; entièrement d'un noir mat.

Ecusson presque glabre, finement chagriné, légèrement ponctué, d'un noir mat.

Elytres formant ensemble un carré assez fortement transverse; un peu plus longues que le prothorax; presque parallèles et presque subrectilignes ou à peine arquées sur leurs côtés; simultanément échancrées à la base; subcarrément mais obtusément coupées à leur sommet avec l'angle sutural presque droit mais subémoussé; non sinuées vers leur angle postéro-externe; subdéprimées sur leur disque; assez densement pubescentes avec la pubescence assez fine, assez longue, dirigée en long sur les côtés et sur la suture, en travers sur le reste de leur surface; offrant en outre, derrière les épaules, une soie assez longue, subredressée mais un peu recourbée en arrière; très-finement chagrinées et en outre finement et assez densement ponctuées avec la ponctuation très-peu profonde ou obsolète; entièrement d'un noir mat. *Epaules* peu saillantes, assez largement arrondies.

Abdomen allongé, à peine moins large à sa base que les élytres; quatre fois environ plus prolongé que celles-ci; subparallèle sur ses côtés jusque près du sommet du 5e segment après lequel il se rétrécit subitement pour se terminer en cône mousse; subdéprimé à sa base, peu convexe postérieurement; éparsement pubescent et seulement vers l'extrémité de chaque segment, avec les trois premiers parés à leur bord apical de cils plus longs et plus distincts; offrant en outre postérieurement sur les côtés, sur le dos des derniers segments et surtout vers le sommet, quelques longues soies obscures et redressées; très-finement chagriné et en outre finement, légèrement et subéparsement ponctué; entièrement d'un noir peu brillant. *Les trois premiers segments* légèrement, *le 4e* à peine impressionnés en travers à leur base avec le fond des impressions imponctué : *le 5e* sensiblement plus long que le précédent, largement tronqué et muni à son bord apical d'une très-fine membrane pâle. *Le segment précédant l'armure* assez saillant, légèrement et subaspèrement ponctué, longuement et très-éparsement sétosellé. *Celui de l'armure* distinct, obtus, éparsement et longuement sétosellé.

Dessous du corps finement, assez brièvement et assez densement pubescent, à peine ou obsolètement chagriné et en outre finement et assez densement ponctué, d'un noir un peu brillant. *Métasternum* subconvexe. *Ventre* convexe, à ponctuation subrâpeuse, parsemé, çà et là et surtout vers l'extrémité, de soies obscures et redressées; à 1er arceau plus grand que les suivants : le 5e un peu moindre que le précédent, couleur de poix à son bord apical : le 6e assez saillant, obtusément angulé ou étroitement arrondi à son sommet avec tout le bord postérieur garni d'une frange de cils fauves, très-courts et serrés.

Pieds peu allongés, finement et éparsement pubescents, légèrement et éparsement ponctués, d'un roux de poix foncé assez brillant avec les genoux et les tarses plus clairs. *Cuisses* faiblement élargies avant ou vers leur milieu. *Tibias* médiocrement grêles, droits ou presque droits, finement et assez longuement ciliés sur leurs tranches ; *les antérieurs et intermédiaires* en outre distinctement spinosules sur leur tranche supérieure : *les postérieurs* au moins aussi longs que les cuisses, légèrement recourbés en dedans après leur milieu vus de dessus leur tranche supérieure, munis au bout de celle-ci d'une frange de cils raides. *Tarses* peu étroits, subfiliformes ou à peine atténués vers leur extrémité, longuement et assez densement ciliés en dessous, éparsement en dessus, à articles noueux : *les antérieurs* courts, *les intermédiaires* à peine moins courts : *les postérieurs* peu allongés, beaucoup moins longs que les tibias ; à 1er article suballongé, à peine aussi long que les deux suivants réunis : les 2e à 4e oblongs ou suboblongs, graduellement un peu plus courts.

Patrie. Cette espèce est très-rare. Elle se trouve aux environs de Calais, sur le bord de la mer, sous les fucus et autres plantes marines.

Obs. Elle diffère de toutes ses congénères par son prothorax distinctement subsinué sur ses côtés au-devant des angles postérieurs, ce qui le fait paraître plus rétréci en arrière où il n'est pas plus large qu'en avant. Ce caractère, joint à celui de la ponctuation éparse de l'abdomen, la distingue suffisamment de l'*Aleochara obscurella*, Gravenhorst. Sa couleur beaucoup plus mate empêchera toujours de la confondre avec les *Aleochara grisea*, Kraatz et *albipila*, Mulsant et Rey.

Oligota subsericans; Mulsant et Rey.

Oblongue, assez large, subparallèle, peu convexe, très-finement et densement pubescente ; finement et très-densement pointillée, d'un noir assez brillant avec le sommet de l'abdomen et les antennes couleur de poix, la base de celle-ci et les pieds d'un roux testacé. Antennes à massue graduée de quatre articles. Prothorax fortement transverse, sensiblement rétréci en avant, subarqué sur les côtés, à peine aussi large en arrière que les élytres, légèrement bissinué à sa base. Elytres transverses, peu convexes, beaucoup plus longues que le prothorax. Abdomen subparallèle, très-

densement, uniformément et ruguleusement pointillé, à 5e segment à peine plus long que le 4e.

Long. 0m,0014 (2/3 l.).

Corps oblong, assez large, subparallèle, peu convexe, finement et très-densement pointillé, d'un noir assez brillant; revêtu d'une très-fine pubescence cendrée, soyeuse, très-courte, couchée et serrée.

Tête sensiblement moins large que le prothorax; très-finement pubescente; très-finement, subobsolètement et densement pointillée; d'un noir brillant. *Front* large, subconvexe. *Epistome* assez convexe, à peine pointillé. *Labre* subconvexe, presque lisse, d'un brun de poix. *Parties de la bouche* obscures ou couleur de poix.

Yeux subarrondis, noirs.

Antennes beaucoup moins longues que la tête et le prothorax réunis; très-finement duveteuses et en outre à peine ciliées vers le sommet de chaque article; couleur de poix ou d'un roux obscur avec les deux premiers articles d'un roux testacé : ceux-ci oblongs, subépaissis : le 1er subcylindrique : le 2e en massue, à peine plus long que le 1er : les 3e à 7e petits, non contigus, graduellement un peu plus épais : le 3e beaucoup moins long et beaucoup plus grêle que le 2e, à peine oblong, un peu moins court que les suivants : le 6e subtransverse : le 7e transverse, à peine moins épais que les suivants avec lesquels il forme comme une massue graduée et allongée : les 8e et 9e fortement transverses, subégaux : le dernier un peu moins long que les deux précédents réunis, courtement ovalaire, mousse au sommet.

Prothorax fortement transverse, environ deux fois aussi large que long; sensiblement plus étroit en avant; tronqué au sommet avec les angles antérieurs subarrondis; subarqué sur les côtés; à peine aussi large en arrière que les élytres; largement arrondi à sa base avec celle-ci légèrement sinuée de chaque côté près des angles postérieurs qui sont presque droits et à peine émoussés; sensiblement convexe sur son disque; très-finement pubescent; très-finement, subobsolètement et très-densement pointillé; entièrement d'un noir brillant.

Ecusson en majeure partie caché, noir.

Élytres formant ensemble un carré sensiblement transverse; presque deux fois aussi longues que le prothorax; subparallèles et presque subrectilignes sur leurs côtés ou parfois à peine arquées sur ceux-ci; peu convexes sur leur disque, légèrement impressionnées sur la suture derrière l'écusson; très-finement et densement pubescentes; finement et très-densement pointillées avec la ponctuation évidemment plus forte que celle du prothorax; entièrement d'un noir assez brillant. *Épaules* à peine saillantes.

Abdomen peu allongé, presque aussi large à sa base que les élytres, de deux fois à deux fois et demi plus prolongé que celles-ci; subparallèle sur ses côtés ou à peine atténué tout-à-fait vers son extrémité après le sommet du 4e segment; faiblement convexe vers sa base, un peu plus sensiblement en arrière; très-finement et densement pubescent; finement et très-densement pointillé avec la ponctuation très-uniforme et un peu ruguleuse; d'un noir assez brillant avec le sommet du 5e segment à peine et le 6e entièrement couleur de poix. *Le* 1er en majeure partie découvert, *les* 2e *à* 4e légèrement mais distinctement sillonnés en travers à leur base: *le* 4e subégal au précédent: *le* 5e à peine plus long que le 4e, largement et bissinueusement tronqué et muni à son bord apical d'une très-fine membrane pâle. *Le* 6e à peine saillant, obtusément (♂) arrondi et finement cilié à son sommet. *Celui de l'armure* caché.

Dessous du corps très-finement et assez densement pubescent; finement et densement pointillé; d'un noir de poix assez brillant avec les hanches et le sommet du ventre moins foncés. *Métasternum* assez convexe. *Ventre* convexe, à 5e arceau subégal au précédent ou à peine plus long: le 6e peu saillant, fortement arrondi au sommet, un peu plus prolongé (♂) que le segment abdominal correspondant.

Pieds assez courts, finement pubescents; légèrement pointillés, d'un roux testacé assez brillant. *Cuisses* étroites, à peine atténuées vers leur extrémité. *Tibias* grèles, droits ou presque droits, aussi longs ou presque aussi longs que les cuisses. *Tarses* grèles, subfiliformes, finement ciliés; *les antérieurs* courts, *les intermédiaires* un peu moins courts: *les postérieurs* un peu plus développés, sensiblement moins courts que les tibias ; à 1er article suballongé, plus long que le suivant : celui-ci et le 3e assez courts, subégaux.

Patrie. Cette espèce qui est très-rare, a été trouvée dans le Beaujolais, au mois de janvier, parmi les débris végétaux acumulés dans les prairies par les débordements de la Saône.

Obs. Elle se distingue suffisamment des *Oligata pusillima, atomaria, inflata* et *punctulata*, Heer, par sa taille plus grande, par sa forme plus large, par sa pubescence plus serrée ; par la massue des antennes plus allongée ; par les angles du prothorax plus droits ; par ses élytres plus longues et moins convexes ; par son abdomen également moins convexe, plus distinctement, plus densement et ruguleusement ponctué. Les tibias paraissent aussi un peu plus grèles et plus longs, etc.

DESCRIPTION

D'UN

GENRE NOUVEAU DE L'ORDRE DES COLÉOPTÈRES

Tribu des Brachélytres, famille des Aléochariens

par

E. MULSANT & Cl. REY

Présentée à la Société Linnéenne de Lyon, le 9 mai 1870.

Genre DIESTOTA, *Diestote*; MULSANT ET REY.

Etymologie : διεστῶς, distant.

CARACTÈRES : *Corps* suballongé, subparallèle, peu convexe, ailé.

Tête assez grande, transverse, moins large que le prothorax, sensiblement resserrée en arrière, rétrécie en angle en avant, assez saillante, subinclinée. *Tempes* avec une arête latérale arquée, sensible. *Épistome* obtusément tronqué en avant. *Labre* transverse, paraissant subarrondi au sommet. *Mandibules* très-peu saillantes, simples à leur pointe, mutiques en dedans, arcuément coudées à leur extrémité. *Palpes maxillaires* peu allongés, de quatre articles : le 3e de la longueur et de l'épaisseur du 2e, non renflé : le dernier petit, grêle, subulé. *Palpes labiaux* grêles, subsétacés, indistinctement articulés. *Tige des mâchoires* obsolètement angulée à la base. *Menton* trapéziforme, fortement rétréci en avant, tronqué au sommet.

Yeux assez petits, subarrondis, assez saillants, situés assez loin du bord antérieur du prothorax.

Antennes courtes, fortement épaissies vers leur extrémité, insérées sur une ligne tangente au bord antérieur des yeux, dans une fossette assez grande, assez profonde, oblongue et oblique; de onze articles : le 1er allongé, à peine épaissi ; les 2e et 3e suballongés : les 6e à 10e très-fortement transverses, presque perfoliés : le dernier grand, en cône émoussé.

Prothorax très-court, rétréci en arrière, moins large que les élytres ; obtusément arrondi à son bord antérieur avec celui-ci subsinué sur les côtés ; distinctement arrondi à sa base avec celle-ci à peine sinuée près des angles postérieurs : ceux-ci presque droits, les antérieurs arrondis ; très-finement rebordé sur les côtés et à la base. *Repli inférieur* assez étroit, un peu visible vu de côté, à bord interne simplement et à peine arqué.

Écusson peu distinct, recouvert par la base du prothorax, triangulaire.

Elytres très-courtes, en carré très-fortement transverse, subcarrément coupées à leur sommet, légèrement sinuées à celui-ci vers leur angle postéro-externe, simples et subrectilignes sur leurs côtés, très-finement rebordées à la suture et à peine à leur bord apical. *Repli inférieur* assez large, assez réfléchi, à bord interne subarqué. *Épaules* peu saillantes.

Prosternum à peine développé au-devant des hanches antérieures, formant entre celles-ci un petit angle enfoui et à peine sensible. *Lame médiane du mésosternum* courte, à peine prolongée jusqu'à la moitié des hanches intermédiaires, largement tronquée au sommet. *Métasternum* assez court, subtransversalement coupé à son bord apical, à peine angulé entre les hanches postérieures, avancé entre les intermédiaires en forme de lame large, triangulaire, largement tronquée à son sommet qui s'applique exactement sur celui de la lame mésosternale. *Postépisternums* assez étroits, rétrécis en arrière, à bord interne parallèle au repli des élytres. *Postépimères* assez réduites, subtriangulaires.

Abdomen suballongé, un peu moins large que les élytres, subparallèle, subdéprimé en dessus, assez fortement et épaissement rebordé sur les côtés, pouvant légèrement se recourber en l'air ; avec les quatre premiers segments subégaux : le 5e un peu plus court : le 6e assez saillant, subrétractile. *Les 3 premiers* sensiblement sillonnés en travers à leur base. *Ventre* convexe, à 1er segment plus grand que les suivants : ceux-ci subégaux : le 5e un peu plus court : le 6e assez saillant.

Hanches antérieures assez grandes, coniques, obliques, à peine renversées en arrière, convexes en avant, planes en dessous, subcontiguës au sommet. *Les intermédiaires* assez grandes, peu saillantes, courtement ovales, subobliquement disposées, assez fortement distantes. *Les postérieures* grandes, subcontiguës intérieurement à leur base, médiocrement divergentes au sommet; à *lame supérieure* nulle ou presque en dehors, subitement dilatée en dedans en cône large, peu saillant et tronqué; à *lame inférieure* assez large, transverse.

Pieds peu allongés. *Trochanters antérieurs et intermédiaires* assez petits, subcunéiformes : *les postérieurs* plus grands, ovale-oblongs. *Cuisses* dépassant un peu les côtés du corps, subcomprimées, un peu élargies avant ou vers leur millieu. *Tibias* assez grêles, rétrécies vers leur base, droits ou presque droits, un peu atténués vers leur sommet; munis au bout de leur tranche inférieure de deux petits éperons presque imperceptibles : *les postérieurs* aussi longs que les cuisses. *Tarses* assez étroits, non ou à peine comprimés, à peine atténués vers leur extrémité : *les antérieurs* de quatre, *les intermédiaires et postérieurs* de cinq articles : *les antérieurs* très-courts, avec les trois premiers articles très-petits, subégaux, le dernier aussi long que les précédents réunis : *les intermédiaires* courts, avec les quatre premiers articles petits, subégaux; le dernier égal aux trois précédents réunis : *les postérieurs* peu allongés, sensiblement moins longs que les tibias, avec les quatre premiers articles un peu oblongs; graduellement un peu plus courts; le dernier grêle, au moins aussi long que les deux précédents réunis. *Ongles* petits, grêles, arqués.

Obs. Cette coupe est parfaitement caractérisée par la structure de son mésosternum et l'écartement des hanches intermédiaires. La seule espèce qu'elle renferme est petite et ressemble à une *Silusa*, mais elle est plus courte.

Diestota Mayeti; Mulsant et Rey.

Suballongée, subparallèle, peu convexe, finement et assez densement pubescente, d'un rouge de brique brillant avec les yeux noirs, et l'extrémité des antennes et des élytres rembrunie. Tête assez fortement et den-

sement ponctuée. Antennes fortement épaissies vers leur extrémité, à 3e article un peu plus court que le 2e: le 4e sensiblement, le 5e assez fortement, les 6e à 10e très-fortement transverses et subperfoliés. Prothorax très-fortement transverse, sensiblement rétréci en arrière, un peu moins large que les élytres, assez finement et densement ponctué, impressionné vers sa base. Élytres très-courtes, un peu plus longues que le prothorax, subconvexes, obliquement impressionnées vers les côtés, assez finement et densement ponctuées. Abdomen subparallèle, subdéprimé, assez finement et assez densement ponctué. Tarses postérieurs peu allongés, sensiblement moins longs que les tibias.

Long. $0^m,0022$ (1 l.). — Larg. $0^m,0007$ (1/3 l.).

Corps suballongé. subparallèle, peu convexe, d'un rouge de brique brillant avec l'extrémité des élytres enfumée; revêtu d'une fine pubescence d'un blond cendré, assez longue, couchée et assez serrée.

Tête transverse, sensiblement moins large que le prothorax, légèrement pubescente, assez fortement et densement ponctuée, d'un rouge de brique brillant. *Front* très-large, subconvexe. *Épistome* convexe, presque lisse, un peu plus pâle dans sa partie antérieure qui offre quelques longs cils obscurs. *Labre* à peine convexe, presque lisse, d'un roux testacé, finement et éparsement cilié en avant. *Parties de la bouche* d'un roux testacé.

Yeux subarrondis, noirs.

Antennes courtes, de la longueur environ de la tête et du prothorax réunis; fortement et graduellement épaissies vers leur extrémité dès le 4e article; très finement duveteuses et en outre assez fortement pilosellées; brunâtres avec les trois ou quatre premiers articles d'un roux testacé: le 1er allongé, non ou à peine épaissi en massue: les 2e et 3e suballongés, obconiques: le 2e sensiblement moins long que le 1er: le 3e un peu ou à peine plus court que le 2e: les 4e à 10e graduellement et sensiblement plus épais: les 4e et 5e subcontigus, obconiques: le 4e sensiblement, le 5e assez fortement transverses: les 6e à 10e non contigus, très-courts, très-fortement transverses, presque perfoliés: le dernier épais, plus long que les deux précédents réunis, obturbiné ou en cône émoussé au sommet qui est assez longuement et assez densement cilié.

Prothorax très-fortement transverse, environ deux fois aussi large que long; obtusément arrondi à son bord apical, avec celui-ci subsinué de chaque côté près des angles antérieurs qui sont infléchis, obtus et arrondis; subarqué sur les côtés, surtout en avant où il est un peu moins large que les élytres; sensiblement rétréci en arrière où il est visiblement plus étroit que les mêmes organes, avec lesdits côtés paraissant, vus de dessus, subrectilignes dans leurs deux derniers tiers, et, vus latéralement, largement sinués au-devant des angles postérieurs qui sont bien marqués et presque droits; distinctement arrondi à sa base avec celle-ci à peine sinuée de chaque côté; légèrement convexe sur son disque; creusé au-devant de l'écusson d'une grande impression assez profonde, en forme de fer à cheval à ouverture dirigée en avant; offrant en outre sur la partie antérieure de sa ligne médiane un petit sillon obsolète et raccourci; finement et assez densement pubescent avec les côtés parés de quelques soies obscures et redressées; assez finement et densement ponctué avec la ponctuation un peu moins forte que celle de la tête; entièrement d'un rouge de brique brillant. *Repli inférieur* lisse, plus pâle.

Écusson presque entièrement recouvert par le prothorax, d'un rouge de brique assez brillant.

Élytres formant ensemble un carré très-fortement transverse; un peu plus longues que le prothorax; subparallèles et subrectilignes ou à peine arquées en arrière sur leurs côtés; légèrement sinuées au sommet vers leur angle postéro-externe avec le sutural à peine rentrant et à peine émoussé; subconvexes sur leur disque, subimpressionnées sur la suture derrière l'écusson, obliquement impressionnées vers le milieu des côtés; finement et assez densement pubescentes; finement et densement ponctuées avec la ponctuation semblable à celle du prothorax; d'un rouge de brique brillant avec la partie postérieure graduellement rembrunie. *Épaules* peu saillantes, arrondies.

Abdomen suballongé, un peu moins large à sa base que les élytres, environ trois fois plus prolongé que celles-ci; subparallèle sur ses côtés; subdéprimé ou à peine convexe sur le dos dans presque tout son développement; finement et subéparsement pubescent, obsolètement ou très-éparsement sétosellé sur les côtés; assez finement et assez densement ponctué; entièrement d'un rouge de brique brillant. *Les* 3 *premiers segments* sensiblement sillonnés en travers à leur base: *le* 5ᵉ un peu plus court que les précédents, largement tronqué et muni à son bord apical d'une très-fine membrane pâle: *le* 6ᵉ assez saillant.

Dessous du corps finement et assez densement pubescent, finement ponctué, d'un rouge testacé brillant. *Métasternum* assez convexe, à ponctuation assez fine et peu serrée. *Ventre* convexe, à pubescence longue, à ponctuation plus forte, plus serrée et râpeuse, à 5ᵉ arceau un peu plus court que les précédents: *le* 6ᵉ assez saillant.

Pieds peu allongés, finement pubescents, finement ponctués, d'un roux-testacé brillant. *Cuisses* un peu élargies vers leur milieu. *Tibias* assez grêles, droits ou presque droits, très-finement ciliés sur leurs tranches: *les postérieurs* aussi longs que les cuisses. *Tarses* assez étroits, à peine comprimés, à peine atténués vers leur extrémité, assez densement ciliés en dessous, éparsement en dessus: *les antérieurs* très-courts, *les intermédiaires* à peine moins courts: *les postérieurs* peu allongés, sensiblement moins longs que les tibias, avec les quatre premiers articles à peine oblongs, subnoueux, graduellement un peu plus courts.

Patrie: Cette petite espèce a été découverte aux environs de Cette, sur les Cistes, par M. Valéry Mayet. Nous nous faisons un plaisir de la dédier à cet entomologiste, qui explore avec soin les localités qu'il habite, et où il a déjà fait des récoltes intéressantes pour la science.

DESCRIPTION D'UNE ESPÈCE NOUVELLE

CONSTITUANT UN GENRE NOUVEAU

DANS LA FAMILLE DES APHODIENS

(TRIBU DES COLÉOPTÈRES LAMELLICORNES, BRANCHE DES APHODIAIRES)

Par E. MULSANT & Cl. REY

(Présentée à la Société linnéenne de Lyon, le 13 juin 1870)

Genre *Hexalus*, Hexale ; MULSANT ET REY.

CARACTÈRES. *Labre* et *mandibules* voilés par le chaperon : celui-ci presque en demi-hexagone, échancré et abaissé à son bord antérieur. *Suture frontale* peu distincte, sans tubercules. *Yeux* non voilés par le bord antérieur du prothorax. *Prothorax* non creusé d'un sillon sur la seconde partie de sa ligne médiane; sans sillon tranverse. *Elytres* à dix stries, y comprise celle du bord externe : les sept premières à partir de la suture avancées jusqu'à la base : la 9e non liée en devant de la 10e, à peine aussi avancée que la 8e : celle-ci avancée jusqu'à la partie postérieure du calus. *Cuisses postérieures* moins renflées que les antérieures. *Tibias antérieurs* tridentés : les intermédiaires et postérieurs garnis de quelques cils spiniformes, mais sans dents ni saillies sur leur tranche externe, à part la dent terminale. *Tarses* grêles.

Hexalus simplicipes; MULSANT ET REY

Oblong; subparallèle ; convexe ; d'un noir luisant ou brillant. Chaperon échancré et abaissé en devant, subarrondi à ses angles antérieurs. Suture frontale peu distincte. Tête finement ponctuée. Prothorax rebordé à la base, marqué de points irrégulièrement peu rapprochés, plus légers sur le dos que sur les côtés, offrant près du milieu des côtés de ceux-ci un espace imponctué. Ecusson plus étroit que les deux premiers intervalles, parallèle dans sa première moitié. Elytres à stries fortement creusées. Intervalles impointillés, planiuscules en devant, convexes postérieurement. Dessous du corps et pieds noirs.

Long. $0^m,0045$ (2 l.). — Larg. $0,^m0018$ (4/5 l.).

Corps une fois et quart plus long qu'il n'est large à la base des élytres; subparallèle, médiocrement convexe, d'un noir luisant ou brillant, en dessus. *Chaperon* presque en demi-hexagone, subarrondi à ses angles de devant, échancré et abaissé à son bord antérieur; auriculé; faiblement relevé en rebord. *Tête* médiocrement convexe; légèrement gibbeuse derrière l'échancrure; non ruguleuse; assez finement ponctuée. *Suture frontale* à peine indiquée. *Antennes* brunes, à massue obscure. *Palpes* bruns. *Prothorax* élargi d'abord en ligne courbe, puis subparallèle sur les côtés; paraissant écointé à l'extrémité de ceux-ci, de manière à offrir les angles postérieurs au-devant du calus huméral des étuis; arqué en arrière à la base; rebordé à cette dernière et latéralement; de deux tiers plus large que long; convexe; marqué de points irrégulièrement peu rapprochés, plus légers sur le dos que sur les côtés; offrant près du milieu de ceux-ci un espace imponctué. *Écusson*, examiné d'avant en arrière, plus étroit que les deux premiers intervalles, de moitié au moins plus long que large; parallèle dans sa moitié antérieure. *Elytres* un peu moins larges en devant que le prothorax; subparallèles jusqu'aux deux tiers, obtusément arrondies postérieurement; médiocrement convexes sur le dos, convexement déclives postérieurement, convexement perpendiculaires sur les côtés; à dix stries fortement crénelées par des points séparés les uns des autres par un espace un peu plus grand que leur diamètre : les sept premières stries avancées jusqu'à la base : la 9e non liée à la 10e, à peine aussi avancée que la 8e : celle-ci atteignant la partie postérieure du calus huméral. *Intervalles* plans ou planiuscules en devant, convexes postérieurement;

lisses, impointillés. *Dessous du corps* d'un noir luisant ou brillant. *Ventre* grossièrement ponctué et brièvement pubescent. *Pieds* noirs. *Cuisses* postérieures imponctuées. *Tibias antérieurs* tridentés extérieurement ; les intermédiaires et postérieurs sans dents ou saillies à leur côté externe; triangulairement dilatés à leur extrémité.

Cette espèce nous a été envoyée dans le temps par M. Cremière, de Loudun.

DESCRIPTION

DE

QUELQUES NOUVELLES ESPÈCES D'APHODIENS

(COLÉOPTÈRES LAMELLICORNES)

PAR

E. MULSANT & Cl. REY

(Présentée à la Société linnéenne de Lyon, le 13 juin 1870)

Aphodius frater (REICHE).

Oblong, convexe et d'un noir brillant, en dessus. Épistome chargé d'un relief transverse. Suture frontale trituberculeuse. Prothorax écointé à ses angles postérieurs; rebordé à la base; marqué en dessus de points légers et clairsemés sur le dos, plus forts et rapprochés sur les côtés. Écusson plus large en devant que les deux premiers intervalles, en triangle d'un tiers plus long que large. Élytres rétuses postérieurement; à rainurelles assez profondes, crénelées par des points presque contigus. Intervalles planiuscules, lisses ou imperceptiblement pointillés. Dessous du corps et pieds noirs: tarses d'un rouge testacé: premier article des postérieurs aussi long que les trois suivants réunis.

Long. 0^{m},0067 (3 l.). — Larg. 0^{m},0031 (1 l. 2/5) à la base de élytres; 0^{m},0036 (1 l. 2/3) vers les deux tiers des étuis.

Corps une fois et quart environ plus long qu'il n'est large à la base des étuis; convexe et d'un noir brillant, en dessus. *Chaperon* en demi-hexagone, tronqué en devant, à angles antérieurs émoussés; auriculé. *Épistome* chargé d'un relief transverse arqué. *Suture frontale* trituberculeuse. *Tête* subconvexe, noire, subruguleuse en devant. *Antennes* d'un rouge brun, à massue d'un gris noir. *Palpes* noirs ou bruns. *Pro-*

thorax élargi d'abord en ligne courbe, puis en ligne à peu près droite; écointé à l'extrémité de ses côtés et paraissant offrir son angle au devant du calus huméral; arqué en arrière et rebordé à la base; très-convexe; d'un noir brillant; marqué de points plus clairsemés et plus légers sur le dos, plus forts et plus serrés sur les côtés; noté en devant d'une fossette, chez le ♂. *Écusson* vu d'avant en arrière, plus large en devant que les deux premiers intervalles des étuis; en triangle d'un tiers plus long que large à la base; à côtés légèrement curvilignes; noir; faiblement ponctué à la base, subcaréné postérieurement. *Élytres* de trois cinquièmes plus longues que le prothorax sur sa ligne médiane; un peu élargies depuis la base jusqu'aux deux tiers, obtusement arrondies postérieurement; convexes sur le dos, convexement subperpendiculaires sur les côtés, rétuses postérieurement; à rainurelles assez profondes, assez étroites, crénelées par des strioles presque contiguës ou séparées par un espace moins grand que leur diamètre. *Intervalles* plans ou planiuscules; d'un noir brillant; lisses ou imperceptiblement pointillés. *Dessous du corps* noir. *Lame mésosternale* planiuscule. *Plaque métasternale* presque impointillée. *Cuisses et jambes* d'un noir brillant: cuisses postérieures éparsement pointillées, presque sans traces de la rangée piligère. *Tarses* d'un rouge testacé livide: 1er article des postérieurs aussi long que les trois suivants réunis, à peu près aussi long que l'éperon externe de la jambe.

Patrie: Batoum (Reiche).

Obs. Les 7e et 8e stries sont plus courtes et pariales: la 6e est ordinairement raccourcie: les cinq premières sont le plus souvent libres et subterminales.

L'*A. frater* doit être placé avant l'*A. sulcatus* avec lequel il a beaucoup d'analogie; il s'en distingue par son prothorax éparsement ponctué sur le dos et surtout par la forme de son écusson.

Aphodius politus (Reiche).

Oblong ou suballongé, subparallèle; médiocrement convexe; d'un noir ou brun brillant en dessus. Chaperon en demi-hexagone, échancré et abaissé en devant; auriculé. Épistome gibbeux sur sa partie postéro-médiane. Suture frontale trituberculeuse. Prothorax sans rebord sur les deux tiers médiaires au moins de sa base; marqué de points circulaires entremêlés de points plus petits; subgibbeux et plus faiblement ponctué près du milieu de ses côtés. Écusson plus étroit en devant que les deux premiers intervalles des étuis, variablement parallèle sur sa moitié basilaire ou rétréci en devant. Élytres à stries ou rainurelles profondes et crénelées. Intervalles planiuscules en devant: les deux ou trois premiers subconvexes postérieurement, peu densement pointillés. Dessous du corps et pieds noirs. Tarses d'un rouge testacé.

Long. 0m,0051 à 0m,0056 (2 l. 1/4 à 2 l. 1/2). — Larg. 0m,0017 à 0m,0018 (3/4 l. à 4/5) à la base des élytres; 0m,0019 à 0m,0024 (7/8 à l. 1 l. 1/6) vers les deux tiers des étuis.

Corps une fois et quart ou une fois et demie plus long que large; subparallèle; médiocrement convexe; d'un noir ou brun brillant, en dessus. *Chaperon* en demi-hexagone, échancré et abaissé en devant; auriculé. *Épistome* chargé d'une gibbosité sur sa partie postéro-médiane. *Suture frontale* trituberculeuse. *Tête* d'un noir ou brun brillant; ponctuée; ruguleuse sur l'épistome, plus unie sur le front. *Antennes* d'un brun rougeâtre, à massue obscure. *Palpes* d'un brun rouge ou rougeâtre. *Prothorax* sensiblement arqué et muni d'un rebord étroit sur les côtés; plus large en arrière qu'en devant; arqué en arrière et sans rebord à la base ou du moins dans les deux tiers médiaires de celle-ci; convexe; marqué de points circulaires entremêlés de points plus petits, ces points plus faibles sur le dos que sur les côtés; chargé près du milieu de ceux-ci d'une faible gibbosité plus finement ponctuée; d'un noir ou brun brillant. *Écusson*, examiné d'avant en arrière, moins large en devant que les deux premiers intervalles des étuis; variablement parallèle sur sa moitié antérieure; d'un quart ou d'un tiers plus long qu'il n'est large à la base; noir ou brun, souvent avec les bords postérieurs rougeâtres; obsolètement ponctué en devant, lisse postérieurement. *Élytres* un peu moins larges en devant que le prothorax; une fois plus longues que lui sur sa ligne médiane; subparallèles ou peu élargies jusqu'aux deux tiers, arrondies postérieurement; très-médiocrement convexes sur le dos, convexement déclives postérieurement; d'un noir ou brun brillant; à stries profondes et crénelées. *Intervalles* planiuscules en devant: les deux ou trois premiers subconvexes postérieurement; marqués de points très-petits et peu rapprochés. *Dessous du corps et pieds* noirs ou d'un noir brun. *Tarses* d'un rouge testacé.

Patrie: La Syrie (Reiche).

Cette espèce rentre dans notre coupe des *Nialus*.

Obs. Le prothorax paraît parfois finement rebordé sur la majeure partie de sa base.

La couleur varie du noir brillant au brun noir ou au brun.

Les deux ou trois premières stries sont ordinairement libres et subterminales: les 7ᵉ et 8ᵉ plus courtes et pariales: les 1ᵉ à 6ᵉ ou 3ᵉ à 6ᵉ ont une disposition variable.

Aphodius orophilus (Reiche).

Obong ou suballongé, très-médiocrement convexe et brillant, en dessus. Chaperon en demi-hexagone, tronqué en devant. Joues obliquement coupées à leur bord postérieur; presque aussi larges à leurs angle postéro-externe que le prothorax à ses angles de devant. Tête et prothorax d'un rouge fauve: le second plus pâle sur les côtés, tranchant et à peine rebordé à sa base; marqué de points légers sur le dos, circulaires et entremêlés de points plus petits, sur les côtés. Écusson plus large en devant que les deux premiers intervalles; triangulaire; d'un rouge testacé. Elytres d'un rouge testacé livide; à stries crénelées par des points transverses. Intervalles planiuscules, superficiellement et peu densement ponctués. Antepectus et ventre blonds. Medi et postpectus d'un brun grisâtre. Pieds d'un rouge carné ou d'un rouge testacé livide.

Long. 0^m,0072 (3 l. 1/4). — Larg. 0^m,0025 (1 l. 1/6) à la base des élytres: 0^m,0027 (1 l. 1/5) vers les deux tiers des étuis.

Corps près de deux fois plus long qu'il est large à la base des élytres;

très-médiocrement convexe; luisant ou brillant, en dessus. *Chaperon* en demi-hexagone; tronqué en devant; émoussé et moins brièvement relevé en rebord aux angles de devant; auriculé; obliquement coupé à la partie postérieure des joues, et à peu près aussi large aux angles postérieurs de celles-ci, qui sont assez prononcés, légèrement relevés et plus ouverts que l'angle droit. *Suture frontale* apparente, à peine ou légèrement relevée au milieu et à ses extrémités. *Épistome* légèrement ou peu sensiblement gibbeux sur sa partie postéro-médiane. *Tête* d'un rouge fauve livide; marquée de points peu rapprochés, avec le fond imperceptiblement pointillé sur l'épistome, lisse sur le front. *Antennes et palpes* blonds ou d'un blond rougeâtre. *Prothorax* élargi, d'avant en arrière, en ligne à peine arquée, sur les côtés; rebordé à ceux-ci; en arc dirigé en arrière, tranchant et à peine muni d'un rebord fin, à la base; médiocrement convexe; d'un rouge fauve un peu plus clair sur les côtés que sur le dos; marqué de points circulaires peu rapprochés, entremêlés de points très-petits: ces points superficiels sur le dos, très-apparents sur les côtés; offrant près de ceux-ci une très-légère gibbosité, plus finement ponctuée. *Écusson*, examiné d'avant en arrière, notablement plus large que les deux premiers intervalles; en triangle un peu plus long qu'il n'est large à la base, à cotés droits; d'un rouge testacé livide; ponctué à la base, lisse et subcaréné postérieurement. *Élytres* un peu moins larges en devant que le prothorax; une fois et quart plus longues que ce dernier; subparallèles ou faiblement élargies jusqu'aux deux tiers, arrondies postérieurement; peu convexes sur le dos, convexement déclives sur les côtés et postérieurement; d'un rouge testacé livide; à stries, crénelées par des points transverses. *Intervalles* planes ou planiuscules; superficiellement et peu densement ponctués. *Dessous du corps* blond sur l'antepectus et sur le ventre, d'un brun grisâtre sur les medi et postpectus. *Plaque métasternale* lisse, presque impointillée. *Pieds, cuisses et tibias* antérieurs d'un rouge de chair; les intermédiaires de teinte plus claire; les cuisses postérieures d'un rouge blond livide, avec les tibias bruns ou noirâtres. *Tarses* d'un rouge testacé.

Patrie : Le Caucase (Reiche).

Cette espèce rentre dans notre sous-genre *Therilus*.

Obs. Les deux premières stries sont libres et subterminales : les 3e et 4e, 5e et 6e sont pariales ou variablement unies à quelques-unes de leurs voisines Les 7e et 8e sont ordinairement plus courtes et pariales.

Aphodius stercorarius (Reiche).

Oblong ; très-médiocrement convexe et brillant en dessus. Chaperon presque en demi-cercle obtusément tronqué en devant, auriculé, débordant les yeux au côté externe des joues. Suture frontale sub tuberculeuse. Tête d'un flave orangé sur l'épistome, brunâtre sur le front. Prothorax finement rebordé à sa base ; flave ou d'un flave orangé, et marqué d'un point obscur près des côtés ; paré, sur la moitié médiaire de son bord antérieur, d'une tache brune subparallèle prolongée jusqu'aux quatre cinquièmes de la ligne médiane. Écusson flave, à peine plus large en avant que le 2e intervalle, une fois plus long que large, parallèle sur les trois quarts de ses côtés. Élytres flaves ou d'un flave orangé, marquées chacune d'une tache brunâtre, extérieurement arquée, sur les 2e à 7e intervalles, presque depuis la base jusqu'aux trois quarts ; à rainurelles étroites, crénelées. Intervalles plans, superficiellement pointillés. Dessous du corps d'un flave testacé. Cuisses flaves, jambes et tarses d'un flave rougeâtre. Premier article des tarses postérieurs à peu près égal aux deux suivants réunis.

Long. 0m,0051 (2 l. 1/4). — Larg. 0m,0022 (1 l.).

Corps oblong, très-médiocrement convexe, brillant, en dessus. *Chaperon* en demi-hexagone, ou presque en demi-cercle, tronqué en devant ; auriculé, à peu près aussi large au côté externe des joues que le prothorax à ses angles de devant. *Suture frontale* subtrituberculeuse. au moins chez le ♂. *Tête* peu convexe ; d'un flave orangé et régulièrement obsolètement ponctuée, et un peu obscure près de sa périphérie sur l'épistome, brunâtre et finement ponctuée sur le front. *Antennes et palpes* d'un flave testacé. *Prothorax* élargi faiblement en arc sur les côtés ; rebordé latéralement, un peu écointé sur les côtés de sa base, bissinueusement en arc dirigé en arrière et presque sans rebord à celle-ci ; convexe, brillant; flave ou d'un flave orangé, marqué sur le dos d'une tache brune, couvrant un peu plus de la moitié médiaire de son bord antérieur, subparallèle sur les côtés, en angle très-ouvert et dirigée en arrière à son bord postérieur, prolongée jusqu'aux quatre cinquièmes au moins de la ligne médiane; noté d'un point obscur près du milieu de ses côtés. *Écusson* flave, à peine plus large que le 2e intervalle; une fois plus long qu'il est large à sa base; parallèle sur les deux tiers au moins de sa longueur; ponctué en devant. *Élytres* à peine aussi larges en devant que le prothorax; près d'une fois plus longues que lui sur sa ligne médiane; faiblement élargies jusqu'aux trois cinquièmes ou deux tiers, arrondies postérieurement; planiuscules sur le dos, sur les quatre ou cinq premiers intervalles de chacune, convexement déclives à l'extrémité, et plus abruptement sur les côtés; d'un flave orangé, brillantes, marquées chacune d'une tache discale obscure ou brunâtre, située sur les 3e à 7e intervalles, naissant près de la base sur les 4e à 7e intervalles et du sixième basilaire sur les 3e, prolongée jusqu'aux cinq septièmes sur les 3e, 4e et 5e intervalles, postérieurement raccourcie sur le 6e et surtout sur le 7e; à rainurelles étroites, crénelées par les strioles. *Intervalles* plans, superficiellement et peu densement pointillés. *Dessous du corps* d'un flave testacé, pubescent. *Triangle mésosternal* presque impointillé. *Lame mésosternale* plane. *Cuisses* flaves ou d'un flave livide, brillantes : les postérieures à peine pointillées; marquées d'une rangée de points piligères, ordinairement prolongée jusqu'à la moitié de leur longueur. *Jambes* d'un rouge livide : les postérieures terminées par une couronne de soies inégalement courtes. *Tarses* testacés : 1er article des postérieurs à peu près aussi long que les deux suivants réunis.

Patrie : La Mésopotamie. (Reiche.)

Cette espèce rentre dans la coupe des *Megalisus*.

Aphodius ephippiger (Reiche).

Oblong; peu convexe, glabre et luisant ou brillant en dessus. Chaperon en demi-hexagone débordant à peine les yeux. Épistome gibbeux. Suture frontale sans tubercules. Tête blonde sur l'épistome, brunâtre sur le front. Prothorax brun sur les trois cinquièmes médiaires de sa largeur, flave et marqué d'un point obscur de chaque côté. Écusson flave, à peine plus large que le 2e intervalle, une fois plus long que large, parallèle sur les trois quarts de sa longueur. Elytres flaves, parées d'une bande suturale brune, commune, couvrant tout le 1er intervalle, les quatre septièmes des 2e et 3e, et un peu du 4e; à stries étroites, à peine crénelées. Intervalles plans ou planiuscules, superficiellement pointillés. Dessous du corps et pieds flaves ou d'un flave testacé.

Long. 0^m,0040 (1 l. 3/4). — Larg. 0^m,0010 (3/7 l.).

Corps oblong; peu convexe, glabre et luisant, en dessus. *Chaperon* en demi-hexagone, tronqué en devant; débordant à peine les yeux sur les côtés, et plus étroit que les angles antérieurs du prothorax. *Épistome* chargé d'une gibbosité tuberculiforme, sur sa partie médiane postérieure. *Suture frontale* sans tubercules, à peine relevée à ses extrémités. *Tête* planiuscule; ponctuée; blonde sur l'épistome, brunâtre sur le front. *Antennes et palpes* d'un blond testacé. *Prothorax* élargi en ligne à peine arquée sur les côtés, rebordé sur les côtés et finement ou à peine à la base; peu fortement convexe; rayé d'un faible sillon, vers la partie postérieure de sa ligne médiane; densement et uniformément ponctué; brun sur les trois cinquièmes médiaires de sa largeur, avec la ligne médiane parfois moins obscure, flave ou d'un flave orangé sur les côtés, et offrant près du milieu de ceux-ci les traces d'un point noir. *Écusson*, examiné d'avant en arrière, sensiblement moins large en devant que les deux premiers intervalles; une fois plus long qu'il n'est large à la base; parallèle sur les trois quarts de sa longueur; blond ou flave; ponctué en devant. *Élytres* à peine aussi larges en devant que le prothorax à sa base; une fois environ plus longues que celui-ci sur sa ligne médiane; subparallèles ou peu élargies depuis la base jusqu'aux deux tiers, arrondies à l'extrémité; peu convexes sur le dos, convexement déclives sur les côtés et à leur extrémité; d'un flave orangé, avec une bande suturale brune: celle-ci couvrant le 1er intervalle sur toute sa longueur: les 2e et 3e jusqu'aux quatre septièmes: le 4e du 10e aux deux cinquièmes de sa longueur: à stries étroites, affaiblies postérieurement, à peine crénelées par de petits points transverses. *Intervalles* planes ou planiuscules; superficiellement pointillés. *Dessous du corps* d'un flave testacé: partie médiane de l'antépectus obscure. *Triangle mésosternal* à peine pointillé. *Lame mésosternale* plane. *Plaque métasternale* parcimonieusement pointillées. *Cuisses* flaves ou d'un flave testacé: les postérieures, brillantes, presque impointillées, presque sans traces de la rangée de points piligères. *Jambes* d'un flave rougeâtre. *Tarses* plus pâles.

Patrie: L'Arabie. (Reiche.)

Obs. Cette espèce rentre également dans la coupe des *Megalisus*.

Aphodius nitens (Reiche).

Suballongé, très-médiocrement convexe; entièrement d'un roux livide ou d'un roux testacé livide, et très-brillant en dessus. Chaperon en demi-hexagone, ne débordant pas les yeux, et plus étroit que les angles antérieurs du prothorax. Épistome faiblement gibbeux. Suture frontale légèrement trituberculeuse. Prothorax sans rebord presque sur toute la base; parsemé de points moins, rapprochés sur le dos. Écusson un peu moins large en devant que les deux premiers intervalles, parallèle sur sa moitié basilaire. Élytres peu convexes sur le dos; à stries crénelées par des points. Intervalles plans, superficiellement pointillés. Premier article des tarses postérieurs à peu près égal aux deux suivants réunis.

Long. 0m,0039 (1 l. 3/4). — Larg. 0m,0013 (3/5 l.).

Corps suballongé, trois fois aussi long qu'il est large à la base des élytres; très-médiocrement convexe; d'un roux livide ou d'un roux testacé livide et brillant, en dessus. *Chaperon* en demi-hexagone, tronqué en devant; faiblement auriculé, ne débordant pas les yeux, plus étroit au côté externe des joues que le prothorax à ses angles postérieurs. *Épistome* faiblement gibbeux sur sa partie postéro-médiane. *Suture frontale* faiblement trituberculée. *Tête* ponctuée. *Antennes* d'un roux testacé, à massue d'un gris obscur. *Palpes* en partie d'un roux testacé livide, en partie brunes. *Prothorax* élargi d'avant en arrière; arqué et rebordé latéralement; bissubsinueusement en arc dirigé en arrière et sans rebord sur les trois quarts médiaires au moins de sa base: médiocrement convexe; inégalement parsemé de points moins rapprochés sur le dos, offrant près du milieu des côtés un espace imponctué. *Écusson* un peu moins large en devant que les deux premiers intervalles; parallèle sur sa moitié basilaire; de moitié au moins plus long que large à la base; pointillé. *Élytres* à peu près aussi larges en devant que le prothorax à sa base; une fois plus longues que ce dernier sur sa ligne médiane; subparallèles jusqu'aux trois cinquièmes ou un peu plus, arrondies à l'extrémité; très-médiocrement convexes sur le dos, convexement déclives à l'extrémité et plus fortement sur les côtés; brillantes, d'un roux livide ou d'un roux testacé, souvent marquées d'une tache ponctiforme obscure, vers les trois quarts du 3ᵉ ou 4ᵉ intervalle; à stries étroites, crénelées par des points. *Intervalles* lisses, brillants, superficiellement et peu densement pointillés. *Dessous du corps et pieds* d'un roux livide ou d'un roux testacé livide. Premier article des tarses postérieurs à peu près égal aux deux suivants réunis.

Patrie: Les environs de Bône (Algérie) (Reiche).

Obs. Cette espèce appartient à notre coupe des *Erytus*.

Aphodius Solieri, Mulsant et Rey.

Oblong, convexe; d'un brun châtain, luisant ou brillant, en dessus. Chaperon en demi-hexagone, tronqué ou subéchancré en devant, obliquement coupé au bord postérieur des joues, à peu près aussi large à l'angle postérieur de celles-ci que le prothorax à ses angles de devant. Suture frontale trituberculeuse chez le ♂. Prothorax finement rebordé à sa base.

densement marqué de points inégalement petits. Écusson plus large en devant que les deux premiers intervalles; triangulaire. Élytres à stries étroites, crénelées par des points. Intervalles planiuscules, parfois légèrement en toit; marqués de points très-petits et rapprochés (au moins quatre irrégulièrement disposés sur la largeur du 3e intervalle et trois sur le 6e). Dessous du corps brun sur la poitrine, fauve testacé sur le ventre. Triangle mésosternal soyeux, grossièrement ponctué sur sa partie médiane antérieure et sur les côtés, granuleusement pointillé sur le reste. Cuisses postérieures marquées d'une rangée de un à trois points piligères.

♂. *Suture frontale* trituberculeuse. *Plaque* métasternale concave.

♀. *Suture frontale* sans tubercules distincts. *Plaque* métasternale planiuscule.

Long. $0^{m},0045$ (2 l.). — Larg. $0^{m},0020$ (9/10 l. à la base des élytres; $0^{m},0026$ (1 l. 1/5) vers les deux tiers des étuis.

Corps une fois et quart environ plus long qu'il n'est large à la base des élytres; convexe, d'un brun châtain, luisant ou brillant, en dessus. *Chaperon* en demi-hexagone; tronqué ou subéchancré en devant; moins brièvement relevé en rebord aux angles antérieurs que dans le reste de sa périphérie. *Joues* obliquement coupées à leur bord postérieur; émoussées à leur angle postérieur et à peu près aussi larges à cet angle que le prothorax à ses angles de devant. *Suture frontale* trituberculeuse chez le ♂, sans saillie chez la ♀. *Tête* peu convexe; d'un brun châtain; ponctuée, peu ruguleuse. *Antennes* d'un flave rouge, à massue rosat. *Palpes* d'un rouge flave ou pâle. *Prothorax* élargi d'avant en arrière, faiblement arqué et rebordé sur les côtés; en arc dirigé en arrière, à peine bissinueux et finement rebordé à la base; d'un brun de poix châtain, graduellement moins obscur sur les côtés; convexe; densement marqué de points inégalement petits, plus faibles sur le dos que sur les côtés. *Écusson* d'un brun châtain; plus large en devant que les deux premiers intervalles des étuis; en triangle plus long qu'il n'est large à la base, à côtés presque droits; faiblement ponctué. *Élytres* un peu plus larges en devant que le prothorax à ses angles postérieurs; une fois au moins plus longues que celui-ci sur sa ligne médiane; un peu élargies de la base aux deux tiers de leur longueur, arrondies postérieurement ; médiocrement convexes sur le dos, déclives postérieurement, convexement subperpendiculaires sur les côtés ; d'un brun de poix châtain brillant ; à stries étroites crénelées par des points. *Intervalles* planiuscules, parfois légèrement en toit ; marqués de très-petits points assez rapprochés (au moins quatre irrégulièrement disposés sur le 3e intervalle et trois sur le 6e). *Dessous du corps* brun sur les parties pectorales, d'un fauve brunâtre livide sur le ventre. *Triangle mésosternal* soyeux, grossièrement ponctué sur sa partie médiane antérieure et sur les côtés, granuleusement ou densement pointillé sur le reste. *Lame mésosternale* plane. *Pieds* d'un fauve brunâtre livide. *Cuisses* brillantes : les postérieures marquées de points peu rapprochés ; à rangée de points piligères presque nulle ou réduite à deux points ; premier article des tarses postérieurs aussi long que les deux suivants réunis.

Patrie : Le midi de la France.

Obs. Cette espèce avait été prise dans les environs de Marseille par Solier, et nous avait été envoyée sous le nom de *castaneus* par ce savant ami.

Elle a de l'analogie avec le *castaneus* d'Illiger ; mais elle s'en distingue par une taille plus faible, un corps proportionnellement plus court et moins étroit ; par sa suture frontale trituberculeuse chez le ♂ ; par les angles postérieurs des joues moins vifs ; par son chaperon à peine aussi large à ces angles qu'à ceux de devant du prothorax ; par les intervalles de ses élytres moins plans, parfois légèrement en toit, et marqués de points plus petits, moins ronds, plus inégaux ; par son triangle mésosternal, en grande partie densement et granuleusement pointillé, au lieu d'être aspèrement ponctué sur toute sa surface ; par ses cuisses postérieures presque sans rangée de points piligères.

Les *A. badius* et *Solieri* rentrent dans notre coupe *Anomius*.

Aphodius badius (Dejean).

Oblong, subcylindrique, convexe et brillant, en dessus. Chaperon en demi-hexagone, tronqué ou subéchancré en devant, obliquement coupé au bord postérieur des joues, presque aussi large à l'angle postérieur de celles-ci que le prothorax à ses angles de devant. Suture frontale sans tubercules. Tête châtaine ou d'un châtain brunâtre ; assez finement ponctuée. Prothorax châtain et rouge testacé brunâtre, souvent plus obscur sur le disque ; ; finement rebordé à la base, assez densement ponctué, mais parfois plus superficiellement sur le dos. Ecusson plus large en devant que les deux premiers intervalles ; en triangle plus long que large. Elytres d'un châtain clair ; à stries étroites, crénelées par des points. Intervalles plans. assez densement ponctués (trois points sur la largeur du 3e intervalle, deux bissérialement disposés sur le 6e). Dessous du corps et pieds d'un roux testacé. Triangle mésosternal aspèrement ponctué. Cuisses postérieures munies d'une rangée de six ou sept points piligères.

Aphodius badius (Dejean), 3e édit., page 162.

Long. 0m,0051 à 0m,0056 (2 l. 1/4 à 2 l. 1/2). — Larg. 0m,0020 à 0m,0022 (7/8 à 1 l.) à la base des élytres; 0m,0026 (1 l. 1/5) vers les deux tiers des étuis.

Corps presque semi-cylindrique, une fois et demi plus long qu'il n'est large à la base des élytres ; convexe et brillant, en dessus. *Chaperon* en demi-hexagone, tronqué ou subéchancré en devant. *Joues* obliquement coupées à leur bord postérieur, émoussées à leur angle postérieur et à peu près aussi larges à cet angle que le prothorax à ceux de devant. *Suture frontale* à peu près droite, sans saillies. *Tête* châtaine ou d'un châtain brunâtre ; assez finement ponctuée. *Antennes* d'un rouge testacé livide, à massue d'un flave orangé. *Palpes* d'un roux testacé. *Prothorax* élargi en ligne presque droite, et rebordé sur les côtés ; souvent plus ou moins sensiblement écointé à ses angles postérieurs, bissubsinueusement en arc dirigé en arrière et finement rebordé à la base ; convexe; d'un rouge testacé brunâtre ou châtain, souvent plus obscur sur le dos ; densement marqué de points médiocrement profonds sur les côtés, parfois plus superficiels sur le dos; sans espace lisse, mais chargé d'une faible gibbosité près du milieu des côtés. *Ecusson* examiné d'avant en arrière, plus large en devant que les deux premiers intervalles ; en triangle un peu plus long qu'il n'est large à la base, à côtés subcuvilignes; fauve ou châtain, ponctué à la base. *Elytres* un peu moins largos en devant que le prothorax; une fois et quart au moins plus longues que celui-ci sur sa ligne médiane; un peu élargies depuis la base jusqu'aux deux tiers, arrondies à l'extrémité; médiocrement ou peu convexes sur le dos, déclives postérieurement, convexement subperpendiculaires sur les côtés; d'un châtain clair ou d'un roux testacé brunâtre brillant; à stries crénelées par des points. *Intervalles* plans assez densement ponctués (offrant irrégulièrement trois points sur la largeur du 3e intervalle, et deux presque bisérialement disposés sur le 6e). *Dessous du corps* et *pieds* d'un roux testacé. *Triangle mésosternal* aspèrement ponctué sur toute sa surface. *Cuisses postérieures* marquées d'une rangée d'environ six points piligères. *Premier article des tarses postérieurs* presque aussi large que les trois suivants réunis.

Patrie : L'Espagne (collect. Reiche).

Obs. Cette espèce a beaucoup d'analogie avec l'*A. castaneus*, d'Illiger, mais elle est notablement de taille plus petite ; le corps proportionnellement plus étroit; le chaperon peu échancré; moins relevé en rebord aux angles de devant ; un peu moins large à l'angle postérieur des joues et avec cet angle moins vif. Les individus que nous avons eus sous les yeux nous ont offert un caractère distinctif très-facile à reconnaître : les cuisses postérieures ont une rangée de points piligères non étendue jusqu'à la moitié, et formée seulement de six ou sept points; chez l'*A. castaneus* cette rangée s'étend jusqu'aux deux tiers de la longueur des cuisses et présente douze à quinze points.

Aphodius Signifer. (Reiche.)

Oblong, convexe et brillant en dessus. Chaperon en demi-hexagone, auriculé. Suture frontale subtrituberculeuse (♂), mutique (♀). Tête noire, ponctuée. Prothorax un peu écointé à ses angles postérieurs, finement rebordé à la base, noir, paré latéralement d'une bordure d'un rouge roux, presque imponctuée; densement marqué de points inégaux sur le reste. Ecusson à peine aussi large que les deux premiers intervalles, triangulaire ou un peu rétréci en devant; brun, lisse. Elytres d'un rouge rose, à inter-

valle juxta-sutural noir; parées de diverses taches brunes : 1° une sur la base du 5ᵉ intervalle, obliquement continuée sur les 4ᵉ et 3ᵉ; 2° une sur chacun des 6ᵉ et 7ᵉ intervalles, rapprochée de la base ; 3° un cercle sur les 3ᵉ à 5ᵉ intervalles vers les deux tiers ; à stries étroites, crénelées par des points. Intervalles plans, presque impointillés. Dessous du corps brun. Pieds d'un rouge pâle. Premier article des tarses postérieurs égal aux deux suivants réunis.

♂ *Suture frontale* trituberculeuse. Plaque métasternale convexe.

♀ *Suture frontale* mutique ou peu sensiblement trituberculeuse. Plaque métasternale plane.

Variation. La couleur des élytres est ordinairement plus rouge chez le ♂ que chez la ♀.

Les taches des 3ᵉ, 4ᵉ, 6ᵉ ou 7ᵉ intervalles se prolongent parfois mais d'une manière plus nébuleuse, jusqu'à la tache circulaire postérieure.

Long. 0ᵐ,0030 à 0,0045 (1 2/5 à 2 l.). — Larg. 0ᵐ,0013 à 0,0016 (3/5 à 2/3 l.).

Corps oblong ; convexe, brillant, en dessus. *Chaperon* en demi-hexagone, auriculé. *Suture frontale* subtrituberculeuse (♂), mutique (♀). *Tête* noire ; ruguleusement ponctuée sur l'épistome, plus uniment sur le front. *Antennes* d'un rouge testacé à massue d'un gris rougeâtre. *Palpes* d'un rouge brun ou livide. *Prothorax* élargi d'avant en arrière, à peine arqué et rebordé sur les côtés ; écointé à l'extrémité de ceux-ci ou sur les côtés de la base, de manière à montrer les angles postérieurs au devant de la 5ᵉ strie des étuis ; bisubsinueusement en arc dirigé en arrière, et muni d'un rebord étroit et situé au-dessous du niveau, à la base, convexe; noir, avec les côtés parés d'une bordure d'un rouge roux, limité par la gibbosité latérale et à peine ponctué ; densement marqué de points inégaux sur le reste des côtés, moins fortement ponctué sur le dos. *Ecusson*, examiné d'avant en arrière, à peine aussi large que les deux premiers intervalles; triangulaire ou à peine rétréci en avant; brun, lisse, imponctué. *Elytres* à peu près aussi larges en devant que le prothorax ; une fois à une fois et quart plus longues que lui ; subparallèles ou faiblement élargies depuis la base jusqu'aux trois cinquièmes; médiocrement convexes sur le dos, convexement perpendiculaires sur les côtés, convexement et assez fortement déclives postérieurement; d'un rouge rose ou d'un flave rouge, avec l'intervalle sutural noir; parées chacune de plusieurs taches brunes : 1° la plus antérieure, couvrant le sixième antérieur du 5e intervalle : 2° une sur le 4e et 3°, une sur le 3e intervalle, constituant à partir de l'extrémité de la première, une rangée oblique se terminant sur le 3e intervalle au tiers de leur longueur : 4° une sur le 6e intervalle, prolongée du cinquième au deux cinquièmes de leur longueur : 5° une sur le 7e intervalle, un peu plus antérieure que la précédente, et moins postérieurement prolongée : 6° deux taches arquées en sens inverse, constituant un cercle, situé sur les 3e à 5e intervalles, commençant aux deux tiers de leur longueur; à stries étroites, crénelées par des points qui les débordent. *Intervalles* plans, presque impointillés. *Dessous du corps* brun. *Pieds* d'un rouge flave ou d'un rouge pâle, plus obscur sur les jambes, plus clair sur les cuisses et les tarses. *Cuisses* brillantes, presque imponctuées, à rangée de points piligères presque nulle. Premier article des tarses postérieurs égal aux deux suivants réunis.

Patrie. Les environs de Damas, en Syrie (Reiche.)

Aphodius cinereus. MULSANT ET REY.

Oblong, peu convexe, d'un noir presque mat, et garni de poils d'un livide flavescent. Chaperon presque en demi-cercle tronqué en devant, subauriculé. Suture frontale sans saillies. Prothorax écointé à l'extrémité de ses côtés, sans rebord à la base, densement et peu profondément ponctué. Ecusson moins large en devant que les deux premiers intervalles; d'un tiers plus long que large, subparallèle sur sa moitié antérieure. Elytres à rainurelles très-étroites, peu ou point crénelées. Intervalles plans, superficiellement pointillés. Dessous du corps et pieds noirs. Tarses d'un brun rouge : premier article des postérieurs de moitié plus long que le suivant.

Aphodius cinerascens (GERMAR).

Long. 0,0036 (1 l. 2/3). — Larg. 0,0018 (5/6 l.)

Corps oblong; médiocrement convexe, noir, mais garni de poils d'un livide flavescent qui lui donnent une teinte d'un noir grisâtre et peu luisante, en dessus. *Chaperon* presque en demi-cercle tronqué en devant, subauriculé et moins large du côté externe des joues que le prothorax à ses angles de devant, brièvement et presque uniformément relevé en rebord. *Suture frontale* sans saillies. *Tête* noire, ponctuée. *Antennes* brunes. *Prothorax* élargi d'abord en ligne courbe, puis en ligne droite et rebordé sur les côtés; écointé à l'extrémité de ceux-ci ou sur ceux de sa base; bisubsinueusement en arc dirigé en arrière, et sans rebord, à cette dernière; médiocrement convexe; noir, presque mat; assez densement marqué de points médiocrement profonds, donnant chacun naissance à un poil luisant, d'un livide flavescent. *Ecusson* examiné d'avant en arrière, moins large en devant que les deux premiers intervalles, d'un tiers plus long que large, parallèle sur sa moitié antérieure; noir. *Elytres* un peu moins larges en devant que le prothorax sur les côtés; une fois et quart environ plus longues que lui; subparallèles jusqu'à la moitié, arrondies postérieurement; peu convexes sur les quatre premiers intervalles de chacun, convexement subperpendiculaires sur les côtés, convexement déclives postérieurement; d'un noir presque mat; à rainurelles très-étroites, presque réduites à des stries, peu ou point crénelées par les strioles. *Intervalles* plans, marqués de très-petits points superficiels, donnant chacun naissance à un poil d'un livide flavescent. *Dessous du corps* noir. *Triangle mésosternal* soyeux, à peine pointillé, ou rayé de très-fines lignes longitudinales; marqué de points plus gros sur les côtés. *Lame mésosternale* relevée. *Plaque métasternale* finement ponctuée. *Cuisses* et *jambes* noires. *Jambes postérieures* terminées par une couronne de soies très-courtes. *Tarses* d'un brun rouge : premier article des postérieurs de moitié environ plus long que le suivant.

Patrie. La Sicile (Reiche).

Obs. Cette espèce appartient aux *Trichonotus*.

Le nom de *cinerascens* donné à cette espèce par feu Germar, ayant déjà été appliqué à un autre Aphodie, nous l'avons nommée *cinereus*.

Aphodius syriacus. (REICHE.)

Oblong et peu convexe. Chaperon en demi-hexagone, obliquement coupé au bord postérieur des joues. Suture frontale mutique (♀) ou chargé d'une gibbosité subcomprimée (♂). Prothorax finement rebordé ou presque sans rebord à la base; noir, avec les côtés d'un fauve flave. Elytres d'un roux fauve testacé, ordinairement parées sur les 3e à 7e intervalles, d'une tache nébuleuse prolongée jusqu'aux trois quarts, et raccourcie en devant sur les 5e et 4e et surtout sur le 3e intervalle; postérieurement garnies de poils courts chez le ♂, glabres chez la ♀ ; à rainurelles étroites, crénelées. Intervalles plans, uniformément pointillés sur les premiers intervalles. Dessous du corps noir ou noir brun. Cuisses et jambes d'un fauve flave. Premier article des tarses postérieurs égal aux suivants réunis.

♂ *Suture frontale* chargée d'une gibbosité subcomprimée. *Prothorax* légèrement ponctué. *Elytres* garnies, vers l'extrémité, de poils fins et livides. *Plaque métasternale* concave et glabre. *Eperon des jambes de devant* grêle, subparallèle, obtusément tronqué à l'extrémité.

♀ *Suture frontale* mutique. *Prothorax* assez fortement ponctué. *Elytres* à peu près glabres. *Plaque métasternale* plane. *Eperon des jambes de devant* graduellement rétréci, terminé en pointe.

Long. 0m,0059 à 0m,0061 (1 l. 2/3 à 1 l. 3/4). — Larg. 0m,0022 (1 l.) à la base des élytres; 0m,0026 (1 l. 1/5) vers les trois cinquièmes.

Corps oblong; médiocrement convexe. *Chaperon* en demi-hexagone : obliquement coupé au bord postérieur des joues, aussi large aux angles latéraux de celles-ci que le prothorax à ses angles de devant; brièvement relevé en rebord presque uniforme, dans sa périphérie. *Suture frontale* chargée d'une gibbosité longitudinale (♂), mutique (♀). *Tête* noire, plus fortement ponctuée en devant que sur le front. *Antennes* et *palpes* d'un fauve livide. *Prothorax* rebordé et un peu arqué sur les côtés; écointé à l'extrémité de ceux-ci ou de ceux de la base; arqué en arrière et presque sans rebord ou très-finement rebordé à la base; convexe; noir, avec les côtés parés d'une bordure d'un roux fauve, étendue en devant jusqu'au niveau de la moitié de l'œil, graduellement rétrécie d'avant en arrière; assez densement marqué de points assez forts (♀) ou légers (♂). *Ecusson*, examiné d'avant en arrière, plus large en devant que les deux premiers intervalles, en triangle un peu plus long que large, à côtés subcurvilignes; brun ou d'un brun fauve, peu ponctué. *Elytres* un peu moins larges en devant que le prothorax; une fois au moins plus longues que celui-ci sur son milieu; un peu élargies depuis sa base jusqu'aux trois cinquièmes, arrondies à l'extrémité; planiuscules sur les quatre premiers intervalles de chacune; convexement déclives sur les côtés et postérieurement; garnies vers l'extrémité de poils très-courts (♂), à peu près glabres (♀); d'un roux fauve testacé; luisantes; parées chacune sur les 3e à 7e intervalles, d'une tache nébuleuse, avancée jusqu'à la base sur les 7e et 6e intervalles, jusqu'au cinquième antérieur sur les 5e et 4e, jusqu'aux deux cinquièmes antérieurs sur le 8e : cette tache prolongée jusqu'aux trois quarts des étuis, et souvent en partie peu distincte; à rainurelles étroites, crénelées par des points transverses. *Intervalles* plans; peu densement et presque uniformément pointillés sur les premiers intervalles, presque unisérialement près des stries sur les autres. *Dessous du corps* noir ou d'un brun noir. *Triangle mésosternal* granuleusement pointillé. *Lame mésosternale* plane. *Cuisses* et *jambes* d'un fauve flave : les cuisses postérieures superficiellement et parcimonieusement pointillées; offrant les traces peu marquées d'une rangée de points piligères prolongée jusqu'à la moitié de leur longueur. *Jambes postérieures* terminées par une couronne de soies inégalement longues. *Tarses* d'un rouge fauve : premier article des postérieurs aussi long que les deux suivants réunis.

Patrie : La Syrie (Reiche).

L'*A. syriacus* fait partie de la coupe des *Melinopterus*.

Cet insecte a quelque analogie avec l'*A. pubescens*; il s'en distingue par sa taille plus faible; par son épistome entièrement noir; par ses élytres à intervalles plans, peu densement et uniformément pointillés sur les premiers intervalles; par sa plaque métasternale glabre chez le ♂, et par l'éperon de ses tibias antérieurs subparallèle et obtus à l'extrémité.

DESCRIPTION

DE

DEUX NOUVEAUX SCYMNIENS

(TRIBU DES COCCINELLIDES)

Par E. MULSANT et GODART

(Présentée à la Société linnéenne de Lyon, le 9 mai 1870)

Pharus bardus? MULSANT ET GODART.

Brièvement ovale ; pubescent. Tête et prothorax noirs, ponctués. Elytres ornées chacune d'une bordure suturale noire, et d'un réseau noir, laissant le côté externe d'un flave testacé, et divisant le reste de leur surface en cinq taches de même couleur, disposées sur deux rangées longitudinales : la rangée interne formée de deux taches, souvent unies : l'externe de trois. Dessous du corps brun sur sa ligne médiane, d'un flave testacé sur les côtés.

Long. 0^m,0020 (9/10 l.). — Larg. 0^m,015 (2/3 l.).

Corps brièvement ovale ; convexe ; pubescent. *Tête* noire ; ponctuée. *Epistome* relevé en rebord, arrondi à ses angles. *Antennes* d'un flave testacé. *Prothorax* arqué en arrière à la base ; noir, ponctué. *Elytres* parées chacune d'une bordure suturale noire ; d'un flave roussâtre à leur côté externe, formées sur le reste de leur surface de cinq taches d'un flave roussâtre, divisées par un réseau noir : ces taches disposées sur deux rangées longitudinales : la rangée juxta-suturale , formée de deux taches : la 1re, allongée, prolongée depuis la base jusqu'au tiers, souvent unie à la suivante, ou incomplètement séparée de celle-ci : cette dernière en losange ou subarrondie : l'autre rangée, séparée par une bande noire de la partie d'un flave roussâtre qui joint le bord externe, composée de trois taches d'un flave roussâtre : l'antérieure presque en triangle oblique, séparée de sa base par un espace égal à sa longueur : la 3e, orbiculaire, située sur la même ligne transversale que la 2e de la rangée interne : la dernière, située un peu après les trois quarts des étuis. *Repli* non creusé de fossettes. *Dessous du corps* brun sur sa partie médiane, d'un flave testacé sur les côtés. *Plaques* incomplètes, en arc de cercle, atteignant vers le quart externe de sa largeur le bord postérieur de l'arceau, avec lequel elles se confondent ensuite jusqu'au bord latéral. *Pieds* bruns ou obscurs.

Patrie : les environs de Bône (Algérie).

Scymnus bicinctus. Mulsant et Godart.

Brièvement ovale; pubescent. Tête d'un flave-testacé, obscure dans sa périphérie. Prothorax d'un rouge ferrugineux. Elytres noires, parées chacune de deux bandes d'un flave rouge : l'antérieure naissant de l'épaule, arquée d'abord en arrière, puis, transversalement dirigée vers le tiers de la suture qu'elle n'atteint pas : l'autre, naissant du bord externe, vers les deux tiers des étuis, transversalement dirigée vers la suture qu'elle n'atteint pas. Pieds d'un roux fauve-testacé.

Long. 0m,0022 (1 l.). — Larg. 0m,0014 (2/3 l.).

Corps brièvement ovale, convexe, pubescent. *Tête* d'un flave testacé, obscure dans sa périphérie. *Prothorax* arqué en arrière, obtus au devant de l'écusson, et sinueux de chaque côté de cette partie médiaire, à la base; finement ponctué; d'un rouge ferrugineux. *Elytres* noires, parées chacune de deux bandes d'un flave rouge : la 1re, naissant de l'épaule, arquée d'abord en arrière, puis subtransversalement dirigée vers le tiers de la suture qu'elle n'atteint pas, formant avec sa pareille une sorte de demi-cercle dirigé en arrière et interrompu sur la suture : la seconde, subtransversale, naissant du bord externe vers les deux tiers des étuis, subtransversalement dirigée vers la suture qu'elle laisse noire. *Dessous du corps* noir, avec les côtés d'un rouge roux. *Plaques pec-*

torales en demi-cercle. *Plaques abdominales* en demi-cercle, atteignant le bord postérieur de l'arceau et un peu oblitérées à leur côté externe *Pieds* d'un rouge ou fauve testacé.

Patrie : les environs de Bône (Algérie).

Cette espèce appartient au S. G. *Pullus*, et doit trouver place près du *S. Castroemi*.

DESCRIPTION

D'UNE

ESPÈCE NOUVELLE DE LYGÉE

(HÉMIPTÈRE HÉTÉROPTÈRE)

Par E. MULSANT et Cl. REY

Présentée à la Société linnéenne de Lyon le 9 mai 1870

Lygaeus Saundersi.

Corps allongé, garni en dessus d'un duvet cendré pulviforme. Tête noire, ornée d'une tache rouge cordiforme. Joues noires sur les côtés de l'épistome. Prothorax noir, paré d'une bordure latérale et d'une bande longitudinale, rouges : celle-ci non avancée jusqu'au bord antérieur, en ovale transverse en devant : ces trois bandes parfois barrées de noir vers les deux tiers. Cories rouges, marquées chacune de deux bandes noires : la postérieure transverse vers la moitié de leur longueur : l'antérieure bordant la suture cubitale, dilatée en forme de fer de flèche sur la partie antérieure de la mésocorie, couvrant la seconde moitié de l'endocorie Membrane blanchâtre, sans tache. Poitrine noire, à trois taches rouges de chaque côté. Ventre rouge sur les cinq premiers arceaux, marqué de deux rangées de points noirs de chaque côté. Pieds noirs.

Long. 0m,0112 à 0m,0117 (5 l. à 5 l. 1/4). — Larg. 0m,0036 à 0m,0041 (1 l. 2/3 à 1 l. 7/8).

Corps allongé ; plan sur les élytres ; garni en dessus de poils peu serrés, couchés, cendrés, fins, pulviformes. *Tête* triangulaire : noire, parée d'une tache rouge, en forme de cœur, naissant à la partie postérieure de l'épistome et prolongée en pointe sur le vertex; offrant ses parties latérales tantôt étendues seulement jusqu'à la moitié de la largeur des joues (♂), tantôt prolongées jusqu'à la partie inférieure de celles-ci (♀). *Épistome* avancé au delà des joues. Celles-ci noires, au moins sur les côtés de l'épistome. *Yeux* noirs, globuleux, débordant un peu les angles antérieurs du prothorax. *Antennes* prolongées environ jusqu'à la moitié du corps; noires, pubescentes; de quatre articles: le 1er court, dépassant faiblement la partie antérieure do l'épistome: les 2e et 3e filiformes: le 2e d'un tiers plus long que le 3e: le 4e un peu moins long que le 2e, légèrement fusiforme. *Prothorax* élargi d'avant en arrière, d'abord en ligne droite, puis légèrement arquée; subarrondi aux angles latéraux. en ligne transversale droite postérieurement, avec les angles postérieurs à peine marqués; déclive en devant sur les trois quarts antérieurs de sa longueur, planiuscule en dessus, avec la moitié postérieure des côtés légèrement relevée; noir, pubescent, paré de trois bandes longitudinales rouges: chacune des latérales élargie en triangle depuis les angles de devant jusqu'au sillon transverse. subparallèle et assez large sur le reste de sa longueur; souvent interrompue par une bande noire vers les deux tiers des côtés (♀); prolongée jusqu'aux angles postérieurs, c'est-à-dire jusqu'à la base de l'écusson, sous la forme de bordure rouge étroite: la médiane, non avancée jusqu'au bord antérieur; en forme d'ovale transverse au devant du sillon transverse, très-étroite après celui-ci, puis parallèle et plus large jusqu'à la base, où elle égale à peine le tiers médiaire de la base de l'écusson, souvent interrompue, vers les deux tiers, par une bande noire (♀). *Écusson* en triangle presque équilatéral; légèrement subcaréné postérieurement; noir, pubescent, avec la partie postérieure rouge. *Élytres* sulparallèles jusqu'à la membrane; planes; voilant les côtés de l'abdomen. *Cories* rouges, pubescentes, parées chacune d'une bande obliquement longitudinale, et d'une bande transverse, noires: la première, formant de chaque côté une bordure à la suture cubitale, dilatée sur la moitié postérieure de l'endocorie au point de couvrir à peu près toute sa longueur, et constituant un fer de flèche sur la partie antérieure de la mésocorie: la bande transverse couvrant le bord externe depuis les deux jusqu'aux cinq septièmes de sa longueur, graduellement et fortement rétrécie de dehors en dedans et rejoignant la bande oblique vers l'extrémité de l'endocorie. *Membrane* d'un blanc sale ou nébuleux, sans tache. *Bec* noir; prolongé jusqu'à l'extrémité des hanches antérieures. *Partie inférieure de la tête et Poitrine* noires, garnies d'une fine pubescence grise; la seconde, parée de chaque côté d'une large tache rouge, sur chacun de ses arceaux; brièvement bordée de blanc près des hanches. *Ventre* rouge sur ses cinq premiers arceaux: paré, de chaque côté des deuxième à cinquième, de deux rangées de taches noires: les externes, carrées, situées à l'angle antéro-externe de chaque arceau: les autres, ponctiformes, disposées en quinconce avec celles-ci; orné sur la partie médiane antérieure des troisième à cinquième arceaux d'une bande transverse noire; sixième arceau noir, avec les côtés rouges. *Pieds* noirs, pubescents.

Patrie: les environs de Malaga (Espagne).

Obs. Nous avons reçu cette jolie espèce de M. Saunders, l'un des entomologistes les plus distingués de l'Angleterre, et nous nous plaisons à la lui dédier.

Elle est voisine du *L. Militaris*, dont elle diffère par sa taille plus faible, par la membrane de ses élytres sans tache, par ses joues noires sur les côtés de l'épistome, par la bande rouge médiane du prothorax parallèle et plus étroite postérieurement, par son écusson rouge à l'extrémité, par son endocorie noire sur sa seconde moitié, etc.

Les deux sexes que nous avons eu sous les yeux, diffèrent un peu par le dessin de la robe: Chez la ♀, la tache rouge de la tête ne s'étend sur les côtés que jusqu'à la moitié de la largeur des joues; les trois bandes rouges du prothorax sont interrompues vers les deux tiers, par une bande noire; l'écusson est rouge sur le tiers postérieur de sa largeur. Chez le ♂, la tache rouge de la tête se prolonge latéralement sur la face inférieure des joues: les trois bandes rouges du prothorax sont entières; l'écusson est plus brièvement rouge à l'extrémité, ou presque entièrement noir. Ces différences sont-elles constantes dans les deux sexes? ou ne sont-elles qu'une variation de la robe de l'espèce?

DESCRIPTION

D'UNE

ESPÈCE NOUVELLE DE LA FAMILLE DES CURCULIONITES

Par M. HALIDAY

Présentée à la Société linnéenne de Lyon le 10 janvier 1870

Rhynchites caligatus.

R. piceus capite, prothorace, elytris apice demto, antennarum scapo, pedum medietate basali testaceis ; elytris striato-punctatis, interstitiis seriatim punctulatis et hirtis.

Long. 4-5 millim.

Caput et prothorax rufotestacea, nitida, griseo-pubescentia ; illud parcius, hic fortius punctata, punctis dissitis. Rostrum reliqui capitis longitudine, obsoletius punctulatum. Mandibulæ margo oralis nigro-picei. Antennæ nigro-picei, articulo primo (et secundo plus minus) rufescente. Prothorax paulo longior quam latior, pone medium parum rotundato-dilatatus. Scutellum triangulare, punctulatum, haud albido-tomentosum. Elytra testacea, apice nigro-picea, colore isto per latera nonnihil diffuso in formam lunulæ communis, sat fortiter regulariter striato-punctata, griseo-pubescentia, interstitiis rarius punctulatis serie simplici, pilis longioribus erectis in punctulis. Pectus posterius et abdomen nigro-piceu ; pleuræ tomentosæ pilis flavidis decumbentibus ; venter vage punctulatus, griseo-pubescens. Pedes nigro-picei, pubescentes coxis femoribus (et tibiarum basi plus minus) testaceis. Alæ fusco-hyalinæ. Oculi prominuli glabri nigri, in exsiccatis. Inter oculos striola longitudinalis impressa, sæpius obsoleta.

Habitat in Quercu, prope Lucam rarius.

DESCRIPTION

D'UNE

ESPÈCE NOUVELLE DE BUPRESTIDE

par

E. MULSANT & PELLET

Présentée à la Société linnéenne le 10 janvier 1870.

Melanophila Legrandi.

Suballongé, peu convexe. Tête, d'un vert doré ; labre, d'un rouge roux. Prothorax et élytres, d'un vert bleu métallique luisant : le premier, réticuleusement ponctué : les secondes faiblement rétrécies jusqu'aux trois cinquièmes, plus sensiblement rétrécies ensuite en ligne un peu courbe jusqu'à l'angle sutural, et finement denticulées latéralement ; rugueusement et densement ponctuées ; chargées chacune de quatre côtes longitudinales. Dessous du corps et pieds, garnis de poils fins et blanchâtres Dessous de la tête, poitrine et pieds, d'un doré verdâtre ou d'un vert doré. Ventre, d'un vert bleu métallique.

Long. 0^m,0090. (4 l.) — Larg. 0^m,0039 (1 3/4 l.)

Corps oblong, peu convexe. *Tête* déclive, d'un vert doré ou d'un vert bleuâtre sur quelques parties ; réticuleusement ponctuée. *Épistome* et *labre*, roux ou d'un rouge roux un peu livide; l'épistome, rayé d'une ligne médiane presque sulciforme. *Mandibules* et *palpes*, d'un vert bleuâtre métallique. *Yeux*, situés sur les côtés de la tête; en ovale allongé; non saillants; d'un roux livide, au moins après la mort. *Antennes*, prolongées jusqu'aux angles postérieurs du prothorax ou un peu plus; d'un brun métallique ou verdâtre; assez grêles; subcomprimées; de 11 articles, un peu rétrécis à partir du 8e; les 3e à 10e, un peu dentés au côté externe. *Prothorax*, enchâssant la tête presque jusqu'aux yeux; un peu échancré en arc à son bord antérieur; à angles antérieurs un peu avancés et déclives: un peu élargi d'avant en arrière;

légèrement arqué sur la première moitié de ses côtés et sinué sur la seconde; muni latéralement d'un étroit rebord, oblitéré vers les angles de devant; sans rebord à la base; échancré en arc de chaque côté de l'écusson. avec les angles postérieurs dirigés en arrière; de trois quarts environ plus large à la base que long sur sa ligne médiane; d'un vert bleu ou bleuâtre, de teinte métallique; assez médiocrement convexe en dessus, avec son rebord latéral invisible dans son tiers antérieur; creusé d'une fossette au-devant de l'écusson; offrant sur une partie de la ligne médiane quelques espaces lisses; réticuleusement marqué sur le reste de sa surface de points plus gros près des côtés, plus fins et rugulosules près de la ligne médiane. *Écusson*, plus large que long; d'un brun verdâtre. *Élytres*, subarrondis aux épaules, et faiblement plus larges à celles-ci que le prothorax à ses angles postérieurs; faiblement rétrécies jusqu'aux trois cinquièmes ou quatre septièmes de leur longueur, rétrécies ensuite en ligne un peu courbe presque jusqu'à l'angle sutural; munies latéralement, sur la moitié postérieure, d'un rebord finement denteié; près de trois fois et demie plus longues que le prothorax sur sa ligne médiane; une fois environ plus longues qu'elles sont larges, prises ensemble vers la moitié de leur longueur; peu convexes; d'un vert bleu ou bleuâtre; glabres; sensiblement relevées à la suture; excepté en devant; chargées chacune de quatre côtes longitudinales dirigées en dehors et affaiblies sur leur quart ou tiers antérieur : la plus rapprochée de la suture, oblitérée en devant et prolongée presque jusqu'à l'extrémité : la 2e, offrant des traces jusqu'à la base et un peu raccourcie postérieurement : la 3e, naissant après le calus huméral, vers le cinquième de la longueur et à peine prolongée jusqu'aux trois quarts : la subexterne, naissant aux deux septièmes et presque unie postérieurement à la seconde; rugueusement ponctuées entre les côtes ou nervures. *Dessous du corps*, d'un vert doré ou d'un doré verdâtre sur la poitrine, d'un vert bleuâtre sur le ventre; rugueusement et rugueusement ponctué sur l'antépectus, moins grossièrement sur les autres parties pectorales, plus finement sur le ventre : garni de poils fins, livides, peu apparents. *Pieds*, d'un vert doré.

Cette belle espèce a été trouvée, dans l'Algérie, par M. Legrand, officier dans la ligne, à qui nous nous faisons un plaisir de la dédier.

ÉTUDE

SUR LES

ESPÈCES DU GENRE ORSILLUS

De la famille des Lygéens, ordre des Hémiptères

PAR

MULSANT & REY

Présentée à la Société linnéenne le 9 mai 1870.

Genre ORSILLUS, Dallas.

Cat. p. 551 (1852) ; *Mecorhamphus*. Fieber, Eur. Hém. (1861), tableau p. 45, gen. 70, p. 173).

OBS. Ce genre diffère des genres voisins par sa forme déprimée ; par sa tête oblongue, prolongée en avant des yeux en forme de cône; par l'épistome séparé des joues par des sutures bien distinctes; et surtout par son bec plus grêle, plus long et dépassant toujours le 3e arceau ventral (1).

Comme dans le genre *Heterogaster*, l'extrémité du ventre est échancrée jusqu'à la rencontre du 4e arceau; mais, chez les *Orsillus*, l'entaille est aiguë au lieu d'être arrondie à son sommet, avec les côtés de l'antépénultième arceau très-obliques, presque subrectilignes ou se redressant à peine en dehors.

Les différences sexuelles sont presque identiques dans les trois espèces que nous connaissons, et dont les mœurs sont à peu près analogues.

Le tableau suivant servira à faire ressortir les caractères principaux qui les séparent.

---

(1) Notons, en passant, que ce 3e arceau ventral est le premier arceau de grandeur normale, les deux qui précèdent étant très-courts.

Bec très-grêle, aussi long ou presque aussi long que le corps. *Prothorax* avec un point subantical obscur. *Dessous de la tête, poitrine et base du ventre* largement et fortement rembrunis dans leur milieu. *Les 3e et 4e arceaux du ventre* non sillonnés. *Le dernier article* du bec entièrement obscur. *Membrane* débordant le sommet de l'abdomen. — *longirostris.*

Bec grêle, dépassant un peu ou à peine le 3e arceau ventral. *Prothorax* et *Écusson*

- avec un trait longitudinal noir. *Dessous de la tête, poitrine et base du ventre* plus ou moins rembrunis dans leur milieu. *Les 3e et 4e arceaux du ventre* non ou à peine sillonnés. *Dernier article du bec* entièrement obscur. *Membrane* débordant le sommet de l'abdomen. — *depressus.*
- sans trait longitudinal noir. *Poitrine* seule rembrunie dans son milieu. *Les 3e et 4e arceaux du ventre* sensiblement sillonnés sur leur ligne médiane. *Dernier article du bec* obscur seulement vers son extrémité. *Membrane* n'atteignant pas le sommet de l'abdomen. — *planus.*

1. **Orsillus longirostris**; Mulsant et Rey.

Oblongus, depressus, anticè paulò angustatus, rufus, pronoti dimidia parte posticè, clavo, scutello summo, pedibusque pallidis; pronoti puncto subantico, rostri articulo ultimo, scutelli basi, capite subtus, pectore basique ventris medio, infuscatis; hemelytris pallido et rufo-brunneo tessellatis; abdominis margine pallido et rufo-brunneo annulatâ. Caput oblongum, conicum, subopacum. Rostrum longitudine corporis. Pronotum transversum, subnitidum, sat fortitèr et modicè punctatum. Scutellum fortitèr ac densè rugoso-punctatum. Hemelytra subpubescentia, subrugulosa, opaca; membranâ subreticulatâ, abdomen superante.

♂ *Le 7e arceau ventral* semicirculairement échancré à son extrémité. *Le 8e* court, caché sur les côtés; à bord postérieur subrectiligne, en forme de corde sous-tendant le fond de l'échancrure du précédent. *Le dernier* assez convexe, transverse, creusé avant son sommet d'une fossette profonde.

♀ *Les 5e et 6e arceaux du ventre* fortement, triangulairement et aigument entaillés jusqu'à la rencontre du 4e, avec leurs côtés obliques subrectilignes ou à peine redressés en dehors. *Le* 7e subcaréné sur sa ligne médiane, triangulairement et assez profondément échancré à son extrémité. *Le dernier* à 4 valves distinctes : les deux médianes simultanément et légèrement convexes dans leur milieu, ovale-oblongues, individuellement arrondies à leur sommet, offrant à leur base une pièce en losange transverse ou scutellée, située au fond de l'échancrure du précédent, auquel elle semble appartenir : les latérales moins grandes, en forme d'onglet.

Long. 0m,0070 à 0,0080 (3 l. 1/5 à 3 l. 2/3); — larg. 0m,0034 (1 l. 1/2).

Corps oblong, déprimé, un peu plus étroit antérieurement, d'un roux peu brillant varié de pâle.

Tête en forme de cône oblong, un peu resserrée à sa base derrière les yeux; aussi large, ceux-ci compris, que le prothorax à son quart antérieur; longitudinalement convexe; à peine pubescente; distinctement rugeuse; d'un roux-ferrugineux presque mat. *Epistome* assez étroit, subparallèle ou parfois un peu élargi vers son extrémité, débordant sensiblement les joues qui sont en pointe aiguë. *Bec* aussi long que le corps, à dernier article entièrement obscur.

Yeux très-saillants, subarrondis, brunâtres.

Antennes assez grêles, un peu plus longues que la tête et le prothorax réunis; finement et brièvement pubescentes; rousses avec le 1er article un peu plus pâle; celui-ci assez épais : le 2e grêle, deux fois aussi long que le précédent, sublinéaire ou à peine plus épais vers son extrémité : le 3e grêle, sensiblement moins long que le 2e, sublinéaire ou à peine plus épais vers son sommet : le dernier très-finement duveteux, évidemment moins long et un peu plus épais que le 3e, en forme de fuseau allongé et subcylindrique, subacuminé au sommet.

Prothorax en forme de trapèze transverse ou sensiblement plus large que long; presque d'un tiers moins large en avant qu'en arrière où il est de la largeur des élytres : brusquement rétréci avant son sommet avec celui-ci largement ou à peine échancré et les angles antérieurs obtus; à côtés obliques, subsinués vers leur milieu, avec les angles postérieurs gibbeux et arrondis; faiblement bissinué dans le milieu de sa base avec celle-ci un peu obliquement coupée de chaque côté; légèrement convexe en arrière, largement et transversalement impressionné sur toute sa largeur dans son tiers antérieur; non ou à peine pubescent; assez fortement ponctué avec la ponctuation modérément et inégalement serrée, ordinairement plus lâche et moins forte en arrière, et le calus des angles postérieurs lisse; d'un roux peu brillant sur son tiers ou sa moitié antérieure, d'un pâle assez brillant sur le reste de sa surface avec un faible liseré de même couleur à son sommet.

Ecusson triangulaire, pointe à mousse, relevé en carène obtuse avant celle-ci; à surface offrant sur son milieu une élévation ou convexité transversale, en forme d'arc à ouverture dirigée en avant; à peine pubescent, fortement, profondément, densement et rugueusement ponctué avec la carène posticale presque lisse; obscur à sa base, plus ou moins pâle à son extrémité.

Hémiélytres, membrane comprise, environ 3 fois et 1/2 aussi longues que le prothorax; subparallèles sur leurs côtés jusqu'environ leur milieu après lequel elles se rétrécissent un peu pour s'arrondir assez fortement et simultanément au sommet de la membrane.

Cories prolongées jusqu'au bord postérieur du 5e segment abdominal; déprimées; à peine pubescentes avec la pubescence très-courte, pâle et brillante; densement rugueuses; d'un roux presque mat, plus ou moins brunâtre et marqueté de taches plus pâles avec le clavus ou endocorie généralement d'une teinte pâle uniforme.

Membrane à nervures assez distinctes; plus ou moins ridée ou subréticulée; d'un roux assez brillant et plus ou moins pâle, débordant sensiblement le sommet de l'abdomen.

Dessous du corps à peine pubescent, ruguleux, d'un roux peu brillant avec l'extrémité du ventre plus pâle; le dessous de la tête et la poitrine, moins les articulations et les côtés, largement et fortement rembrunis ou noirs; la base du ventre dans son milieu entre les hanches postérieures de cette dernière couleur, ainsi qu'un trait sur le milieu de l'intersection qui sépare les 3e et 4e arceaux, et parfois des taches nébuleuses près des stigmates.

Tranche latérale de l'abdomen annelée de pâle et de roux-brunâtre.

Pieds légèrement pubescents avec la pubescence brillante; d'un testacé brillant, pâle ou livide, avec les *ongles* obscurs, et les *cuisses* parées en dessus avant leur extrémité d'un large anneau oblique, parfois peu apparent, composé de points roux et nébuleux.

PATRIE. Ile de Porquerolles près d'Hyères (Provence), sur les pins.

OBS. Cette espèce ressemble beaucoup à l'*Orsillus depressus*. Outre le développement remarquable de son bec, elle en diffère par sa tête plus oblongue, par le 2e article des antennes un peu plus allongé, et par le trait noir du prothorax réduit à un point situé sur le tiers antérieur de la ligne médiane.

2. Orsillus depressus; MULSANT et REY.

Oblongus, depressus, antice paulò angustatus, rufus, pronoto, scutello summo, pedibusque pallidioribus; pronoti et scutelli lineâ longitudinali, rostrique articulo ultimo nigris; capite subtus, pectore ventrisque basi medio infuscatis; hemelytris fusco irroratis; abdominis margine brunneo pallidoque annulatâ; femoribus cum annulo nebuloso. Caput triangulare, rugosum, subopacum. Rostrum tertium ventris segmentum vix superans. Pronotum transversum, subnitidum, fortitèr et modicè punctatum. Scutellum sat fortitèr ruguso-punctatum. Hemelytra subpubescentia, subrugulosa, opaca; membranâ subreticulatâ, subtranslucidâ, abdomen superante.

♂ *Le 7e arceau ventral* fortement et circulairement échancré à son extrémité. *Le 8e* court, caché sur les côtés; à bord postérieur subrectiligne, en forme de corde sous-tendant le fond de l'échancrure du précédent. *Le dernier* assez convexe, transverse, creusé avant son sommet d'une fossette très-profonde.

♀ *Les 5e et 6e arceaux du ventre* fortement, triangulairement et aigument entaillés jusqu'à la rencontre du 4e, avec leurs côtés obliques, presque subrectilignes ou avec ceux du 6e un peu redressés en dehors. *Le 7e* subcaréné sur sa ligne médiane, triangulairement et assez fortement échancré à son extrémité. *Le dernier* à 4 valves distinctes: les deux médianes assez convexes, ovale-oblongues, offrant à leur base une pièce en losange, située au fond de l'échancrure du précédent auquel elle semble appartenir, et sur laquelle se prolonge, en s'effaçant, la carène de celui-ci : les latérales un peu moins grandes, en forme d'onglet.

Heterogaster depressus. MULSANT et REY, Opusc. ent. (1852). 1 p. 112.

Long. 0^m,0078 (3 l. 1/2) ; — larg. 0^m,0034 (1 l. 1/2.)

PATRIE. Les montagnes du Lyonnais et la France méridionale. Sur les pins.

OBS. Cette espèce est remarquable par le trait longitudinal noir de son prothorax, lequel trait se retrouve aussi sur la base de l'écusson.

Il est difficile de dire à quelle espèce appartient l'*Orsillus depressus* de Dallas. (Cat. p. 551. 1. pl. XV. fig. 2. (1852). La description semble indiquer notre *Orsillus planus* décrit ci-après, mais le dessin représente tout à fait la forme de notre *Orsillus depressus* ?

Quant au *Mecoramphus maculatus* de Fieber (Eur. Hem. p. 173. 1861.), il semble se rapporter à notre *Orsillus planus* pour la description du dessus du corps, mais le ventre offrirait sa partie antéro-médiaire noire, ce qui n'existe que chez les *Orsillus longirostris et depressus*. L'auteur allemand aurait-il confondu nos trois espèces. qui sont très-distinctes ?

3. **Orsillus planus** ; MULSANT ET REY.

Subelongatus, fortitèr depressus, anticè distinctè angustatus, rufus. pronoti dimidiâ parte posticâ, scutello summo, membranâ pedibusque pallidis ; rostri articulo ultimo apice obscuro ; pectore medio infuscato ; hemelytris rufo pallidoque tessellatis ; abdominis margine rufo pallidoque annulatâ ; femoribus suprà nebuloso-irroratis. Caput oblongum, conicum, rugosum, subopacum. Rostrum ventris segmentum tertium paululùm superans. Pronotum subtransversum, subnitidum, fortitèr et sat densè punctatum. Scutellum fortitèr ac densè rugoso-punctatum. Hemelytra vix pubescentia, subrugulosa, opaca ; membranâ reticulatâ, translucidâ, abdominis apicem non attingente. Tertium et quartum ventris segmenta longitudinalitèr medio sulcata.

♂ *Le 7e arceau du ventre* fortement et circulairement échancré à son extrémité. *Le* 8e court, caché sur les côtés; à bord postérieur en forme de corde sous-tendant le fond de l'échancrure du précédent. *Le dernier* convexe, transverse, creusé avant son sommet d'une fossette très-profonde.

♀ *Les* 5e *et* 6e *arceaux du ventre* fortement et triangulairement entaillés jusqu'à la rencontre du 4e, avec les côtés obliques, subrectilignes ou à peine redressés en dehors. *Le* 7e obtusément caréné sur sa ligne médiane, triangulairement et assez fortement échancré à son extrémité. *Le dernier* à 4 valves distinctes : les deux médianes convexes, ovale-oblongues, individuellement arrondies à leur sommet; offrant à leur base une pièce en forme de losange, située au fond de l'échancrure du précédent auquel elle semble appartenir : les latérales moins grandes, en forme d'onglet.

Long. 0m,0078 à 0m,0081 (3 l. 1/2 à 3 l. 2/3); — larg. 0m,0030 (1 l. 1/3).

Corps suballongé, fortement déprimé, graduellement et sensiblement rétréci en avant dès son milieu; d'un roux peu brillant, un peu rougeâtre et varié de pâle.

Tête en forme de cône oblong, un peu resserrée à sa base derrière les yeux; un peu moins large, ceux-ci compris, que le prothorax à son quart antérieur; légèrement et longitudinalement convexe en dessus; à peine pubescente; distinctement et densement rugueuse; d'un roux-rougeâtre presque mat et parfois assez foncé. *Epistome* étroit, subparallèle, débordant sensiblement les joues qui sont en pointe aiguë. *Bec* grêle, dépassant un peu le 3e arceau ventral; à dernier article roux à sa base, plus ou moins obscurci à son extrémité.

Yeux très-saillants, subarrondis, brunâtres.

Antennes assez grêles, un peu plus longues que la tête et le prothorax réunis; finement pubescentes; rousses avec le dernier article parfois un peu plus foncé; le 1er sensiblement épaissi : le 2e grêle, plus de deux fois aussi long que le précédent, sublinéaire ou à peine épaissi vers son extrémité : le 3e grêle, d'un quart environ moins long que le 2e, sublinéaire ou à peine épaissi vers son sommet; le dernier très-finement duveteux, un peu plus épais et à peine moins long que le précédent, en fuseau très-allongé et subcylindrique, subacuminé au sommet.

Prothorax en forme de trapèze légèrement transverse ou un peu moins long dans son milieu que large à sa base ; d'un bon tiers moins large en avant qu'en arrière où il est de la largeur des hémiélytres ; brusquement rétréci avant son sommet avec celui-ci évidemment subéchancré et les angles antérieurs obtus ; à côtés obliques, subsinués vers leur milieu, avec les angles postérieurs gibbeux et subarrondis ; faiblement bissinué à sa base avec celle-ci un peu obliquement coupée sur les côtés ; déprimé ou même largement et transversalement impressionné sur la majeure partie et sur toute la largeur de sa surface, avec la base un peu relevée ; légèrement pubescent antérieurement avec la pubescence courte et micacée ; fortement et assez densement ponctué avec le bord postérieur plus lisse ; d'un roux-rougeâtre et presque mat dans sa moitié antérieure, pâle et assez brillant sur le reste de sa surface.

Ecusson triangulaire, à pointe assez aiguë ; un peu relevé à son sommet en carène obtuse ; à surface offrant dans son milieu une élévation transversale, en forme de chevron très-ouvert et à ouverture dirigée en avant ; légèrement pubescent avec la pubescence micacée ; fortement, densement et rugueusement ponctué avec la carène posticale presque lisse ; d'un roux un peu brillant avec la partie enfoncée de la base plus obscure et l'extrémité plus ou moins pâle.

Hémiélytres, membrane comprise, environ 4 fois aussi longues que le prothorax ; subparallèles sur leurs côtés ou à peine rétrécies après leur milieu pour s'arrondir assez largement au sommet de la membrane. *Cories* prolongées jusque près de l'extrémité du 5e segment abdominal ; tout à fait déprimées ; à peine pubescentes ; densement subrugueuses ; d'un roux plus ou moins rougeâtre, mat et marqueté de taches pâles plus ou moins grandes, avec l'endocorie de cette dernière teinte intérieurement. *Membrane* pâle, translucide, à nervures bien distinctes, réticulée, n'atteignant pas le sommet de l'abdomen.

Dessous du corps brièvement pubescent, ruguleux, d'un roux peu brillant avec la partie postéro-médiane du ventre plus pâle, et le milieu de la poitrine rembruni ou noirâtre : celle-ci fortement ponctuée sur les côtés avec les points obscurs. *Tranche latérale de l'abdomen* annelée de roux et de pâle. *Les 3e et 4e arceaux du ventre* sensiblement sillonnés sur leur ligne médiane pour recevoir l'extrémité du bec.

Pieds légèrement pubescents avec la pubescence micacée, et les *ongles* obscurs. *Cuisses* obsolètement râpeuses et mouchetées en dessus de points nébuleux.

Patrie. Aubagne près de Marseille. Sur les pins.

Obs. Cette espèce ressemble plus à l'*Orsillus longirostris* qu'au *depressus*. Elle est plus allongée, plus étroite, plus déprimée, plus rétrécie antérieurement que ces deux espèces, avec le prothorax moins sensiblement transverse.

La tête plus oblongue, le dernier article du bec roux à sa base, son prothorax et son écusson sans trait ni point noirs, le dessous de la tête et la base du ventre non rembrunis dans leur milieu, les 3e et 4e arceaux de celui-ci sensiblement canaliculés ou sillonnés, la membrane raccourcie, tels sont les caractères saillants qui distinguent cette espèce de l'*Orsillus depressus*.

DESCRIPTION

D'UNE

ESPÈCE NOUVELLE DE COLÉOPTÈRES

DU GENRE ANTHRENUS

Par E. MULSANT et GODART

Présentée à la Société linnéenne de Lyon, le 9 mai 1870.

Anthrenus nocivus.

Dessus du corps noir, revêtu d'écaillettes rousses ou couleur de brique. Prothorax paré d'un signe anté-scutellaire en angle dirigé en arrière, d'une ligne transverse ou de deux taches au devant de celui-ci, et d'un point près du milieu du bord externe, noirs. Elytres notées de trois taches près de la base, d'une tache suturale arrondie au tiers, d'une tache discale arrondie, liée par un trait à la précédente, d'un arc situé sur leur moitié interne vers les trois quarts, de trois taches voisines du bord externe depuis la moitié jusqu'aux cinq sixièmes, noirs. Dessous du corps et pieds noirs, revêtus d'écaillettes couleur de brique.

Longueur 0m,0030 (1 l. 2/5). — Largeur 0m,0020 (9/10 l.) vers la moitié des étuis.

Corps ovale, obtusément convexe. *Tête* noire, revêtue d'écaillettes d'un rouge de brique ou d'un roux orangé. *Antennes* prolongées jusqu'au tiers ou un peu plus des côtés du prothorax; noires; de 11 articles. *Prothorax* creusé sur les côtés d'un sillon pour loger l'antenne; élargi latéralement d'avant en arrière en ligne un peu anguleusement courbe; en angle dirigé en arrière sur la moitié médiaire de sa base, et en ligne obliquement transverse sur la moitié externe ou un peu plus de celle-ci; plus d'une fois plus large à la base que long sur sa ligne médiane; noir, revêtu de poils squammiformes ou d'espèces d'écaillettes d'un beau roux, laissant de couleur noire : 1° un signe en angle dirigé en arrière, parallèle à la partie anté-scutellaire de la base, étendu de chaque côté jusqu'au point où celle-ci change de direction, c'est-à-dire à peu près jusqu'à la moitié de l'espace compris entre la ligne médiane et le bord latéral : 2° une bande transverse située un peu au devant de ce signe anguleux, et souvent réduite à deux taches noires, interrompues dans leur milieu : 3° un point noir entre l'extrémité de cette bande et la moitié du bord externe. *Ecusson* peu distinct. *Elytres* faiblement arquées sur les côtés jusqu'aux trois quarts de leur longueur, obtusément arrondies postérieurement ; offrant vers le cinquième antérieur leur plus grande largeur, un peu rétrécies ensuite jusqu'aux trois quarts ; très-médiocrement convexes ; noires, couvertes d'écaillettes d'un beau roux ou d'un rouge de brique : ces écaillettes laissant de couleur noire sur chacune : 1° trois taches près de la base, disposées en rangée parallèle à celle-ci : la juxta-scutellaire, en forme de trait, divergeant postérieurement avec son pareil ; parfois peu distinctement séparé de la seconde tache : celle-ci subarrondie ou rétrécie en devant : l'externe, située sur le calus, subarrondie ou presque carrée, souvent dentée en devant : 2° une tache noire, arrondie, située au tiers de la suture, commune aux deux étuis, liée par une ligne noire (divergeant en arrière avec sa pareille) à une tache arrondie située sur chaque étui, vers la moitié de leur longueur : 3° une tache noire, en forme d'arc dirigé en devant, située près de la suture, aux trois quarts de leur longueur : cet arc à peine étendu jusqu'à la moitié de leur largeur, souvent lié à la tache noire du disque par un prolongement linéaire naissant de chacune de ses extrémités : cet arc souvent suivi d'un point noir, après son extrémité interne : 4° trois taches noires joignant le bord externe : la 1re, carrée ou subponctiforme, presque à la moitié du bord marginal : la 2e vers les trois cinquièmes de celui-ci : la dernière vers les cinq sixièmes de ce même bord. *Dessous du corps* noir, revêtu d'écaillettes serrées, rousses ou couleur de brique, parfois marqué, sur quelques-uns des côtés du ventre, d'une petite tache noire qui semble accidentelle. *Pieds* noirs, revêtus d'écaillettes couleur de brique.

Patrie : l'Algérie.

R.F.

TABLE ALPHABÉTIQUE

DES

ESPÈCES MENTIONNÉES DANS CE CAHIER

NOTICES

ERRATA.

Supprimez, p. 60, les descriptions des *Alphilobius granulatus* et *viator*, déjà données aux p. 45 et 47.

P. 222, *Pharus bardus*, remplacez le point d'interrogation par une virgule.

BIBLIOTHÈQUE NATIONALE IMPRIMÉS

OUVRAGES DU MÊME AUTEUR

HISTOIRE NATURELLE DES COLÉOPTÈRES DE FRANCE.

— LAMELLICORNES. *Paris*, 1842. 1 vol. in-8.
— PALPICORNES. *Paris*. 1844. 1 vol. in-8.
— SULCICOLLES. — SÉCURIPALPES *Paris*, 1850. 1 vol. in-8.
— HÉTÉROMÈRES { LATIGÈNES *Paris*, 1854. 1 vol. in-8
— PECTINIPÈDES. *Paris*, 1856. 1 vol. in-8
— BARBIPALPES — LONGIPÈDES — LATIPENNES. *Paris*, 1856. 1 vol. in-8.
— VÉSICANTS. *Paris*, 1857. 1 vol. in-8.
— ANGUSTIPENNES. *Paris*, 1858. 1 vol. in-8.
— ROSTRIFÈRES. *Paris* 1859. 1 vol. in-8.
— ALTISIDES, par C. Foudras. *Paris*, 1859-60. 1 vol. in-8.
— MOLLIPENNES. *Paris*, 1862. 1 vol. in-8.
— LONGICORNES. 2e édit. *Paris*, 1862-63. 1 vol. in-8.
— ANGUSTICOLLES. — DIVERSPALPES. 1 vol. in-8. avec REY.
— TÉRÉDILES. 1864. 1 vol in-8, avec REY.
— FOSSIPÈDES et BRÉVICOLLES. 1865. In-8, avec REY
— SCUTICOLLES. 1867 In-8, avec REY.
— VÉSICULIFÈRES. 1867. 1 vol. in-8, avec REY.
— FLORICOLES. 1868. In-8, avec REY.
— GIBBICOLLES. 1868. In-8, avec REY.
— PILLULIFORMES. 1869. In-8, avec REY.

SPÉCIES DES COLÉOPTÈRES TRIMÈRES SÉCURIPALPES. *Lyon* et *Paris*, 1850-51. 1 vol. en deux parties, grand in-8.
MONOGRAPHIE DES COCCINELLIDES. 1866. In-8.
OPUSCULES ENTOMOLOGIQUES, grand in-8.

— 1er cahier. 1852. Mémoires divers.
— 2me cahier. 1853. Id.
— 3me cahier. 1853. Coccinellides.
— 4me cahier. 1853. Parvilabres.
— 5me cahier. 1854. Id.
— 6me cahier. 1855. Mémoires divers.
— 7me cahier. 1856. Id.
— 8me cahier. 1858. Id.
— 9me cahier. 1859. Parvilabres, etc.
— 10me cahier. 1859. Parvilabres.
— 11me cahier. 1859-60. Mémoires divers.
— 12me cahier. 1861. Id.
— 13me cahier. 1863. Id.

COURS D'HISTOIRE NATURELLE. *Paris*, 1869, 3e édit. (Zoologie.)
— — *Paris*, 1869, 3e édit. (Physiologie.)
— — *Paris*, 1860. (Géologie.)
SOUVENIRS D'UN VOYAGE EN ALLEMAGNE. *Paris*, 1861. In-8.
HIST. NATURELLE DES PUNAISES DE FRANCE. — SCUTELLÉRIDES. 1065. In-8.
— — PENTATOMIDE. 1866. In-8.
ESSAI D'UNE CLASSIFICATION DES TROCHILIDÉS. 1866. In-8, av. MM. Verreaux.
LETTRES A JULIE SUR L'ORNITHOLOGIE. *Paris*, 1868. Gr. in-8. Fig. col.
HISTOIRE NATURELLE DES COLÉOPTÈRES DE FRANCE. — BYRRHIDES.
SOUVENIRS DU MONT PILAT. 1870. 2 vol. in-18.

Sous presse :

HIST. NATURELLE DES COLÉOPTÈRES DE FRANCE. — LAMELLICORNES. 2e édit.
HISTOIRE NATURELLE DES PUNAISES. — CORÉIDES.

Lyon. Association typographique. Regard, rue de la Barre, 12.

BIBLIOTHEQUE NATIONALE DE FRANCE
3 7531 03285025 8

www.ingramcontent.com/pod-product-compliance
Ingram Content Group UK Ltd.
Pitfield, Milton Keynes, MK11 3LW, UK
UKHW051019210726
13857UKWH00006B/602

9 782013 370707